我的无印风
文具生活

无印风 ╱ 解忧 ╱ 手帐 ╱ 简单
女孩 ╱ 文具 ╱ 记录 ╱ 生活

Pei（沛芸） 著

TODAY IS A GOOD DAY

华中科技大学出版社
http://www.hustp.com

中国·武汉

喜欢一个人的文具生活

生活就从挑选笔记本开始，
用一支笔叙说每日美事。
书桌上摆着刚买回来的彩色笔，
六角双头水性笔不会滚来滚去，
柔绘笔画出我喜欢的不同粗细的笔触，
搭配"女孩 project"系列贴纸一起使用，
今天我又完成了一篇手帐。
文具，开启我想要的生活日常。

无印风女孩用自己最擅长的方式把生活记录下来，
有文具，有故事，有插图，有手作，还有心灵语录。

开始我的手帐文具小生活
用自己最擅长的方式将生活好好记录下来

不断累积我的文具生活，
在爸爸的杂货店里开始我的小小文具店之路，
实现我的文具梦。

每个人心中都有属于自己的理想生活，我的理想是背着装满文具的背包，在巷弄里发现喜欢的文具店。挑选文具对我来说是一件非常幸福的事，这些喜欢的小事组成了我的日常生活。

接触手帐文具是大二的时候，我开始养成每天写日记的习惯，总觉得写下来的生活才是真正完整的。每一本日记都代表着自己对生活的认真态度，我想手写的温度是没有办法被取代的，因为当时的情绪会呈现出不同笔触。

每次当自己感到不确定或焦虑的时候，我就会从包包里拿出笔记本，写下内心的不安，然后很神奇地在字句里找到答案，而这个过程总能带给自己平静。

迷惘的时候我会翻开之前写的日记，发现其实初衷一直都在，只是不小心忘记了现在的成果都是过去每天努力所获得的，当自己累的时候，为自己再加一次油，找回那份努力向前的力量。

收集各式各样的文具，在书桌前打开手帐写日记已经成为我生活中最期待的事情，从未想过这小小的兴趣可以带给自己这么大的力量与收获，只知道这是自己最喜欢的事。

跟大家分享一句我很喜欢的话："做自己喜欢的事，让喜欢的事有价值。"

我觉得能找到自己喜欢做的事是很幸福也很珍贵的，不要因为在意别人的想法而影响自己做喜欢的事，也不要因为害怕和担忧而去走一条你不喜欢的路，这样好可惜。

实现这些的背后需要很多的勇气和努力，但每件事情都有它辛苦的地方，如果愿意接受它，那就可以享受其中，让这个过程成为自己的力量，朝梦想迈进。

Chapter 1

无印风文具生活 008

Chapter 2

解忧文具店

Chapter 1

Minimalist Stationery
无印风文具生活

—— 文具，开启我想要的生活 ——

透过文具的身份证与故事，告诉你"文具那些事儿"。

My life

我的生活从笔记本开始

善用笔记格线，丰富你的生活记录

因为怕忘记，我习惯把每天发生的事情记录在笔记本里，像是买文具的明细收据、咖啡店的名片、看电影的票根、旅行的车票等也都会保存下来，并且贴在笔记本里，经过时间的累积，写下近二十本手帐，每一本都代表着自己对生活的态度。大家可以依照不同的需求来挑选适合自己的笔记本，比如记录工作的备忘录，练习插画的笔记本，写手帐用的日记本，随身携带记录灵感的笔记本等等。

我买过许多不同品牌的笔记本，其中使用率和回购率最高的品牌就是无印良品，几乎每一本都会用完，无印良品的笔记本兼具了品质和外表，而且还经济实惠，大量的留白设计可以让我在上面画画和贴贴纸，这点对我来说很重要。所以，我在踏上文具之路后，无印良品成为我的首选。而且使用时间越长，便会找到自己习惯的款式，然后再回购。

A

B

A 我的手帐日记本，喜欢使用没有日期的笔记本写日记，因为这样就不会被日期限制，可以依照当日生活增减页面。

B 无印良品 A3 尺寸年历，除了记事以外也可以贴上当月的照片或是咖啡店的名片，直接挂在房间墙上就变成好看的年历海报。

Nothing is impossible!

我最常用的笔记本

哪一种才是适合自己的笔记本呢？可以依照自己的喜好或需求做选择。喜欢规划时间可以选择"直式周记事笔记本"；喜欢书写可以选择"横式周记事笔记本"；如果想随时写可以选择"自填式笔记本"。选一本陪伴自己一整年的笔记本，写下今年所有发生的大小事，不要因为事小就不去记录，因为生活就是由这些小事组成的。

常用笔记本款式有：月记事笔记本、横式周记事笔记本、直式周记事笔记本、横线笔记本、空白笔记本、活页资料夹。

月记事笔记本

这款最棒的就是可以清楚看见整个月的行程，将每月浓缩到笔记。

我能持之以恒使用的笔记本就是月记事笔记本，不用写很多字，但又记录每天的大小事，一个月发生了哪些事情一目了然，每次完成后都觉得很有成就感。

我喜欢翻阅笔记本的感觉，每次翻阅都觉得很特别，好像又经历了一次。那些曾经经历过带给自己力量的事情，只有写下来才不会忘记。

日记就是要当天写才可以表达当时的情绪，随着时间的流逝，情绪也会变淡，那日记表达的力度可能就会不一样。若当天真的没有时间，那至少打开月记事本写下几个字也好，因为一旦有了空白页就会无止境地空白下去，最后索性不写了，因为都忘记了。

• 无印良品上质纸月记事本

　　生活浓缩在笔记本里，想知道去年的今天我在做什么，就可以立刻翻到去年的页面。一本属于自己的人生对照本，这样的感觉很奇妙，我想这就是写字的魔力吧。无印良品这款记事本很轻巧，放在包里随身携带也很方便，可以搭配喜欢的纸胶带和贴纸装饰它，如果真的不知道要写什么，那你可以画些小插图，再用彩色笔涂上颜色。

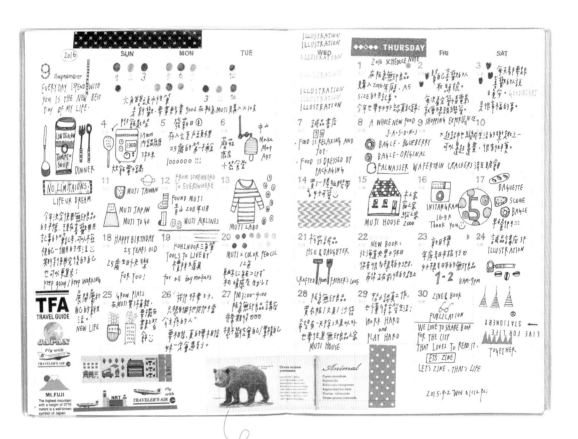

　　月记事本的优点就是可以清楚看见整个月的行程，再搭配小插图作为装饰，每次完成后都觉得很有成就感。

● 自己制作的自填式月记事笔记本

如果市面上买不到喜欢的年历本，也可以自己动手做。把自己画的月记事当作范例制作成封面，再装订成一本属于自己的月记事笔记本。希望每个月都可以很认真地记录，就像封面一样丰富。画上喜欢的插图，贴上自己画的贴纸，想从几月开始记录可以随时把月份填上去。

想做什么马上就去做，不要害怕开始太晚，因为现在开始就是最好的时候。

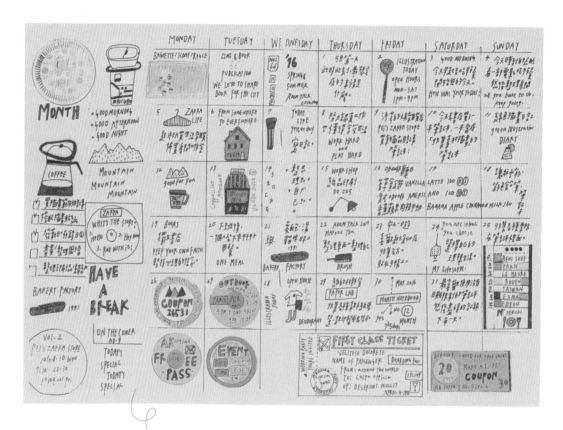

除了自己画，封面制作方式还可以选择：
1. 使用收集到的纸品素材进行拼贴，再搭配纸胶带一起装饰。
2. 从手机挑选一张喜欢的图片到电脑进行排版，然后将图片保存，再到文印店选择克数高的纸张印出来。

用笔记本跟自己对话 ✐

每一本笔记本都是我生活的组成部分，也记载着不同时期的自己，就像自己的故事书一样，只是它不会有完结篇，而是会一直持续进行着。

每晚睡前我会留三十分钟，让自己跟自己对话。对话的最好方式就是写日记，可以仔细聆听自己的声音，只要内心进入状态就可以一口气写好几页。我发现，原来自己有这么多话想跟自己说。

有时，某个问题在我脑海想一百遍也没有答案的时候，可以找个安静的地方，打开笔记本，写下自己的不安，或许三十分钟后就会有答案了。

我曾在网上看到一个测试，一个人挑战五天五夜待在一个正方形的小空间，里面只有床和卫浴设备，三餐会有人定时送过来，只可以带三样东西进去（非电器），你会带什么？

我会带笔、笔记本和书。如果可以待在一个空间不受干扰专注做想做的事情，这五天五夜我可以完成好多手上没完成的事情，写下更多生活记录。

数字时代有许多事可以借助电子工具快速完成，非常方便，但也偷走自己许多时间，唯一不想被取代的是手写的温度。每次自己迷惘或是不安的时候，翻开日记，我的焦虑和纠结就会在里面找到答案，因为让我看清了自己正在前往的道路。

> 对于喜欢的事情
> 做一百遍也不会厌烦，
> 因为在这个过程中的自己
> 是闪闪发亮的，最珍贵的
> 是一直坚持下去
> 的心。

Notebook 2

横式周记事笔记本

一个跨页代表一周，适合用来记下每天的行程计划。

我会在横式的周计划左页写上每天发生的关键事项，在右页写下这周的日记，比如旅行见闻等，再贴上自己画的女孩系列贴纸，让简单的行事历也可以变得很丰富。

装饰笔记本的乐趣总是大于写字的乐趣，通常我都会挑选可以180°摊平的本子，比较方便书写与拼贴。

左页可以写下一周内每天的计划，
右页是方格的内页，可以写下一周的日记。

• 无印良品 PVC 封面再生纸月周记事本

这款记事本可以当学校的记录本，写上考试科目、课堂笔记、读书计划等。而且这本还附有 PVC 书套，可以把每科整理好的资料放进笔记本里，随时拿出来复习。

这款记事本作为工作笔记也很适合，写下工作进度和规划，可以合理安排加班。

"条例式"笔记优点：
1. 所有事情一目了然。
2. 妥善管理每件事。
3. 大脑思维非常清晰。

内页包含跨页型月记事，以及左页周记事、右页方格的内页。平装设计，书写方便。

直式周记事笔记本

　　直式周记事笔记本可以详细规划自己一天的日程，标有 AM8:00 到 PM8:00 的时间轴，写下详细的 To-Do List ，妥善利用自己的每一天。

　　今年的年历本决定买无印良品直式周记事本，我买的是 B6 尺寸白色封面。它可以根据时间表写下起床、午餐和晚餐时间等，希望可以让喜欢的事情更规律地融入到自己的生活里，更仔细安排作息时间，尽量少玩手机，多一些时间与自己对话。列出想做的清单，想去的景点，想吃的食物，更系统地安排理想的生活，因为每个细节都有独到的生活哲学。

"真正想要的生活，究竟长什么样子呢？"

　　照着自己的步调做喜欢的事情，不让自己只为了过日子而忘记生活。不要放弃生活里喜欢的小事，不要缩减做喜欢事情的时间。

　　慢慢积累每次与自己的对话，从中了解真正本质，就会发现什么才是自己喜欢的生活，了解了就好好去做想做的事情吧!

　　笔记本的魅力在于使用后留下的痕迹，记载着看似普通的生活，但再怎么平凡的生活，都有值得好好珍惜与努力的地方，书写能帮我们找到生活的温度。

▶

用女孩贴纸拼贴年历封面，
这是每次买笔记本回家做的
第一件事情 。

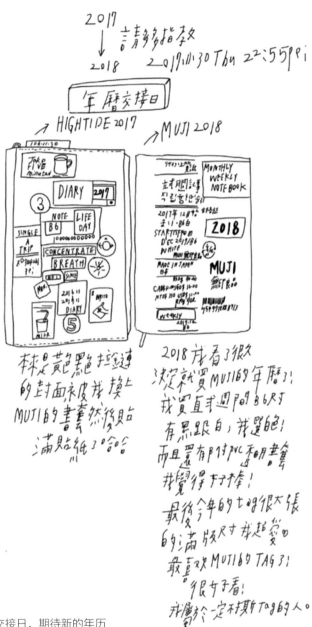

年历本交接日，期待新的年历
本也可以带来更多不一样的生
活感受。将自己对生活的感受
力放大，生活开心是首要的目
的，持续发掘自我的可能。开
始使用新的年历本都会在第一
面写下新年的期许。

● 无印良品再生纸直式月周记事本

这款除了可以记事外，也可以用来画色表。把彩色笔依照品牌、颜色分类后画到笔记本上，每个颜色标记色号，要画图的时候可以拿出来参考配色使用。每天还可以贴上自己画的"女孩 project"系列贴纸，每天画一个，一年就有 365 个女孩图案了。

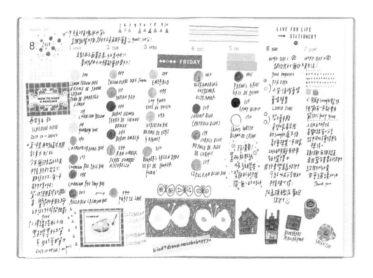

▲ ▲
我在美术商店买了 24 色固体水彩回家画色表，这款纸画水彩不会透过去，而且颜色的显色度也很好看。我想生活就是从这些小事开始的，找到每天迫不及待起床的理由，心情也会变得满足和踏实。

我的生活从笔记本开始：
每天都会使用到的四种笔记本

A 手帐日记本：没有日期的笔记本，可以随心所欲地写字画画，认真地记录每一天的生活小事，看着本子越来越厚，就觉得生活非常充实有成就感。

B 随身笔记本：养成随身携带笔记本的习惯，随时可以记录下文字或插图。图片中使用的是无印良品 A5 尺寸双环的笔记本，平常去看展览或是去诚品书店看到好看的 DM 就会收集起来夹在笔记本里，这样可以防止纸张褶到，另外还可以把笔夹在双环里，方便携带。随身笔记本可以不受限制地想写什么就写什么，是一种生活灵感累积的笔记本。

C 月记事笔记本：每天都要在小格子里写上几个字，累积属于自己生活里的故事。

D 记账笔记本：记账笔记本我推荐内页是横线款式的，写上日期、支出、花费明细。每晚睡前我都会整理钱包，将今日收据拿出来，把每一笔的花费都记录在笔记本里，到月底时再将收支做总结，可以清楚知道每笔花费的去向。希望自己在 25 岁时可以存到人生的第一桶金。

　　以上四种笔记本都是购自无印良品，每一本封面都是自己装饰的，创造属于自己的风格。

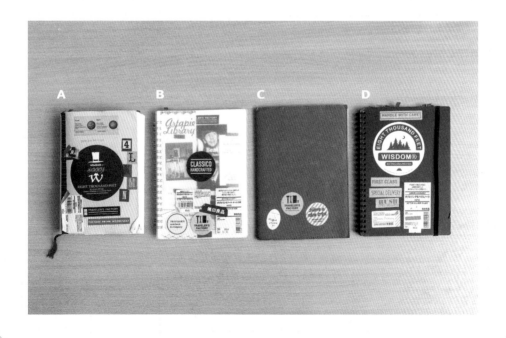

横线笔记本

学生时期我就喜欢收集各式各样的笔记本，现在也养成随身带笔记本出门的习惯。随时记录看到的事物，用简单的草稿或是用关键字记录想画想写的东西，或把随手收集的素材用纸胶带贴在灵感笔记本里，制作成属于自己的生活学习记录本。

●无印良品黑色封面滑顺笔记本

横线笔记本适合用来写学习笔记，用自己擅长的方式把写笔记变成很期待的事情，会让自己更想常常翻开它，从而努力用功学习。这款笔记本搭配无印良品六角双头水性笔，既可以画画，也可以标记重点，或者搭配钢笔来书写，都很顺滑，因为它使用的是上质纸。

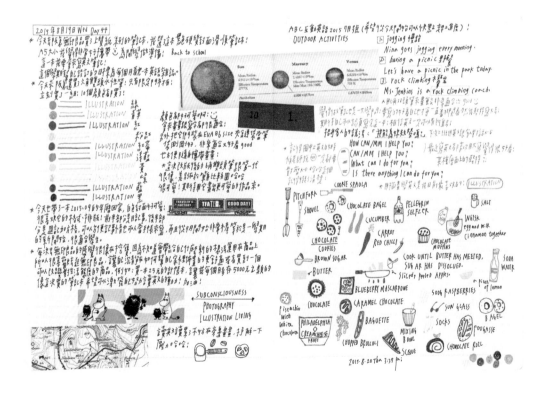

空白笔记本

从横线到方格，我现在最喜欢使用空白笔记本，没有线条的限制，画画、写字都可以尽情发挥。除了笔记和插图草稿的练习以外，还会将喜欢的设计纸样和照片贴在笔记本上面。

●无印良品植林木系统笔记本

这个系列有月记事、周记事、横线、方格、空白、记账一共六款系统笔记本。可以依照自己的需求选择适合的笔记本，还可以搭配两孔 PP 活页资料夹使用。

活页纸资料夹

　　无印良品的活页资料夹系列也是我很喜欢用来写手帐的笔记本之一，可以自由增减页数，而且出门写日记也不用带整本出门，只要将需要的张数放进资料袋里就可以了，非常方便。

　　还记得小学很流行的六孔活页笔记本，大家下课还会交换不同图案的活页内芯，喜欢文具的心从小就开始萌芽了。

　　其实不论是使用哪一种笔记本，最重要的是让"持之以恒"变成一种生活习惯。对我来说，写下来的生活才算完整，对生活上的小细节用心，从写日记开始，就会发现很多美好的事情。

●无印良品活页资料夹系列

　　活页资料夹搭配便利贴标记月份，可以更清楚地知道日期。另外，每本活页资料夹也可以放资料袋，将收集的纸质印刷品好好收纳在笔记本里，打开每一本都是自己生活的缩影。

Keep on going，never give up.
日常生活里和自己最棒的相处

    我把这些年累积的手帐一字排开，好像一间回顾自己人生的购物店。笔记本哪里都买得到，但这些回不去的每一天却买不到，想将生活永远保存下来，我选择用文字写下自己的日常生活。

如何挑选适合自己的笔记本

每一本笔记本都记载着不同时期的自己，尽管现在是数字化时代，我还是会随身携带笔记本，随时用文字或图画记录下内心的感受，看着笔记本越变越厚是最有成就感的一件事。

文具店里有各种不同的笔记本，从内页到封面有很多选择，我每次购买就会陷入内心的小剧场，想尽各种理由把它们买回家。从进文具店挑选到回家拆封的过程都会有"新开始"的感觉，对我来说是重新整理自己的一种方式。

如何挑选笔记本 &
同时使用多种笔记本记录生活

A 年历本

每年年末文具店就会摆满各式各样的年历本，眼花缭乱地看着架上五颜六色的年历本，总是很难决定该买哪本好，毕竟这一本的意义非常重大，要陪伴自己整整一年。

年历本的款式有很多种，像月记事、周记事、时间轴直式周记事等，可以依照自己的需求来挑选。我买的是"月记事 + 周记事"的年历本，月记事的格子会写上当天的主要事情，周记事的页面写上细项，列出当天的 To-Do List。

● B6 尺寸刚刚好

我喜欢 B6 尺寸的年历本，不会因为页面太大而产生以后再写的想法。每日睡前我会打开本子写下当天的心情，短短几个字就好，只要当天不写，之后就不会有当时的心情跟想法了。而且比起好看的拼贴装饰，我更喜欢能够表达当时生活感悟的文字，文字记录更显珍贵。

●年历本＋日记手帐本

除了年历本外，我会再搭配一本没有日期的笔记本来写日记。

●极简封面好装饰

我选择笔记本封面款式的关键是要设计简单，因为我喜欢自己装饰封面，创造一本属于自己的笔记本，太过花哨的封面不行，因为年历本是要看一整年的，第一次看会觉得好看，但看到几个月之后可能就会腻了。到那时，我就会用白纸或是牛皮纸制作书衣把它包起来，再用素材拼贴成自己喜欢的样子，这也是让笔记本重生的好方法之一。

内页的设计我也会选择没有过多图案和颜色的，这样才可以在上面贴自己喜欢的贴纸和纸胶带。

我的笔记人生：同时使用多种笔记本，有年历本、手帐本、随身笔记本、插画笔记本、收纳插画作品的笔记本等等。

B 日记本

以前我都是手帐本搭配一本自填式月记事笔记本使用，近几年开始搭配有日期的年历本一起使用。

●记事不拘束，弹性大

我喜欢没有日期的笔记本写手帐，因为页面的日期不会有所限制，例如出去旅行时会有很多票券、购物明细和商品的包装纸，我都会留起来贴到手帐里，这样可能一写就十几页。如果今天没有发生什么事情，我就只写几句话，页面大概只会使用一半。

历年来的手帐们。

C 随身笔记本

随身笔记本我建议选 A6 尺寸，小本的比较好携带，这是近期的心头好，随时想到的或是看到的想写成文字，可以立刻拿出笔记本记录。

● A6 尺寸好携带

因为是随身携带，会时常取放，我建议选择硬壳封面笔记本或是笔记本外再加上保护书套。比起全新干净的笔记本我更喜欢使用过后有手感的笔记本，这些都是自己的记录过程。

D 插画笔记本

如果当天行程是去咖啡厅、美术馆、博物馆或是公园等，我就会带插画笔记本。刚开始画画时，我习惯用一张张的插画纸画，画完后再收纳到插画资料夹里保存。一直很想挑战完成一本 Sketchbook，试过很多次，但最终画了几面后就都空白了。

●不完美才会更精彩

我发现不要去要求画面很完美才去画，反而是想画什么就去画，才会让自己主动想去尝试。像是画前的试色可以直接画在插画笔记本里，不构图直接上色也可以，不去限制本子内页的表现方式，反而可以让自己一直随笔画下去。

●内页克数高，不渗透

我使用的是 A5 尺寸空白页笔记本。在画画时，由于会使用到不同的画材，我都会在背面垫一张同等大小的纸，防止颜料渗透到背面。或者在选择笔记本时，选择纸张比较厚一点的，我用的是 MD Paper 的笔记本，推荐给大家。

挑选的动机

大家在挑选笔记本的时候可以先想想要做什么用，再决定要购买什么尺寸的，我觉得挑选笔记本不会太难，难的是要如何持之以恒地写完。

A

B

A 随手涂鸦反而可以激发更多灵感。

B 同时使用的四种笔记本。

The best

经典好用 10 款笔

经典不败，好用再用

　　我平常喜欢看日本文具 MOOK，除了手帐单元外就是笔类单元的分享。看到喜欢的插画家分享平日使用的画笔时，我也会很想买，或是直接奔去文具店淘宝，生怕下一秒再也看不到自己心中的理想文具。外观好看的笔会让人特别想使用它，带着不确定会买到什么的心态逛文具店总会让自己保持期待的心情。

　　我写手帐和画画都习惯使用黑色中性笔，通常一支笔就可以包办全部，但文具永远不嫌多，有时会抱着一期一会的心情，生怕下次想购买就绝版了，然后就通通放进购物篮里把它们带回家。

　　近年来我发现自己对文具的喜好与态度有所改变，除了在乎设计美观与功能性外，更重要的一点就是舍得使用。比起全新的文具，更吸引我的是使用后的痕迹，多了一些生活感，让我每次看着墨水使用完毕的笔就会格外有成就感。

A 放进包包里面的笔记本和一支黑色笔。以前出门都会带整个铅笔盒，觉得比较有安全，但真正使用到的笔其实只有一支。所以就从包包开始练习断舍离，不然总是很重。

B 一路收集到的各种黑色笔，每支笔背后的品牌故事让自己拥有更多的想象空间。除了好写外，外观也是选品考量之一，好像自己开了一间购物店一样，房间的风格就是由这些文具所组成的。

Sharp tools make good work.

铅笔盒里我最喜欢的 10 款笔

文具给我平凡的日子增添了许多想象的可能，一年有 365 天，一天有 24 小时，有好多故事都在同时上演着，我一直练习在有限的时间里写下属于自己的人生笔记，同时保持着收集各种好看文具的使命，希望可以逛遍全台湾的文具店。

无印良品自动铅笔系列

通常我在思考创作或找寻灵感时，会将脑中的想法写画在笔记本上，这时很适合先用自动铅笔打草稿，然后把想法都整理好后再用黑色笔写上去。

我最常用的就是无印良品六角按压自动铅笔 0.5mm 及塑胶管自动铅笔 0.5mm。六角笔杆比较好握，写字或画画都很适合。

我在使用自动铅笔时会减轻力道，因为太用力会不好擦掉，纸的背面也会有痕迹。

▶

图中的六角按压自动铅笔已经使用三年了。使用文具的心态大概就是爱惜，使文具成为生活里的一部分。

无印良品擦擦笔

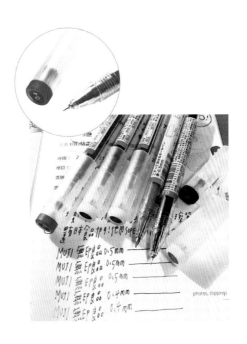

我喜欢使用擦擦笔来写行事历上的 To-Do List，因为不喜欢使用修正液或修正带，我写错字时会直接划掉，选择擦擦笔在行事历上写下提醒自己的事情后，也方便擦掉，而且版面会更整齐。

这款擦擦笔是用笔盖的地方擦拭，有两种粗细：0.4mm 的用来写手帐和行事历清单；0.5mm 的可以拿来标注重点或是写标题，记账时也非常好用，使用不同的颜色标注开销项，月底总结的时候更容易计算和分析。

无印良品胶墨中性笔

我最喜欢的笔就是无印良品胶墨中性笔黑色 0.38mm，这款还有 0.5mm 的及 0.7mm 的，我觉得 0.38mm 的最适合写字和画图勾线。这款笔外观很美，也很好写，透明的笔身可以清楚地看见墨水，快没水的时候及时替换笔芯，就不怕写到一半没墨了。另外，笔头是防止墨水逆流的设计，可以降低断水的情况发生。

这款胶墨中性笔很适合绘制线条，我都是直接使用黑色笔绘制，不需用铅笔打草稿，绘制出来的线条也很好看。我曾经最快一个月画完一支笔，看到用完的笔就会觉得很有成就感，这代表自己又一次努力地将生活全部画下来。

Preppy 钢笔

　　我喜欢看老电影，进而想了解每个情节背后关于收藏的故事，最吸引我的是电影里写信的画面，而钢笔书写就代表了那个年代的故事。还有电影里常常出现的美术馆和电影院，也能给我带来不一样的想象空间。老物件总是散发出独特魅力，让人也想拥有属于自己的刻有岁月痕迹的物件。

　　我每次逛文具店时，看到橱窗里很美的钢笔就会心动，但怕自己没写几次就不用了，所以一直都没有买。有一次，看到一款价格非常好的钢笔，而且试过后感觉很好写，它就是"Preppy 钢笔"，适合推荐给只有三分钟热度但却想试试钢笔水温的人。

　　书写纸张我推荐上质纸系列，写起来顺滑也比较不容易渗透到后面。

● Preppy 钢笔的三种笔尖：0.5mm（M 尖）、0.3mm（F 尖）、0.2mm（EF 尖）

　　我买了其中两款：0.2mm EF 尖，适合喜欢写小号字或喜欢写细体字的使用者，用于写笔记或手帐。0.3mm F 尖，用来画画，比如绘制细线很适合，钢笔也是可以表现出不同笔触的。

　　Preppy 钢笔另有吸墨器销售，你可以搭配自己喜欢颜色的墨水使用。

※ 在选购钢笔时，建议大家还是去实体店试写看看，挑选一支适合自己的钢笔。

ZEBRA SARASA 系列复古色中性笔

记得 ZEBRA SARASA 系列复古色中性笔刚上市时，就使一批文具爱好者失控了。典雅的复古色系是它最大特色，加上简单好握的笔杆造型与实用的笔夹功能，怎能不买啊！这种简单中充满时尚的成熟感，也是我喜欢它的原因之一。

这系列复古色中性笔一共有五个颜色：墨绿、酒红、湖蓝、墨蓝、咖啡。这五种颜色都是我平常速写或画插图时最常使用的颜色，让线条看起来特别有质感，给人一种平静的感觉。墨水耐光耐水也是它特色之一，不用担心本子放久会褪色。

我一直希望可以养成做日常插画练习的习惯，这样的练习使自己对生活的感受力与观察力都放大，每日一画，慢慢累积自己画画的能力，也期待找到更多灵感。将画笔颜色限定在五种以下，可以减少对颜色选择的困难，刚好这系列只有五种颜色可以练习。

BIC 圆珠笔系列

　　BIC 是法国经典的文具品牌，1950 年由工业设计师 Marcel Bich 和他的搭档 Edouard Buffard 共同设计，并取"Bich"为品牌名称，但是怕发音成"bitch"，所以就变成现在大家看到的"BIC"了。BIC 可以说是成功改变了大多数人的书写习惯，也创下全球销量最多的圆珠笔记录。

　　BIC 圆珠笔系列中以金色笔夹设计的 Clic Gold 系列最当红，相信许多长辈看到它都会唤起从前的记忆吧！（那一年，爷爷也有一支这样的笔……）

　　我最喜欢的是 BIC Orange Fine 经典橘色圆珠笔，既好写，外观也很好看。买文具一部分意义变成了收藏，另一部分是使用过后让它们产生了美，多了一种时间刻画的痕迹，代表着自己认真生活的态度。

　　另外，油性圆珠笔跟中性笔、水性笔的差异在于它遇到水不易晕开，BIC 这款墨水属于低黏度和低摩擦，写起来很顺滑。

最喜欢将文具一字排开在书桌上，帮它们拍生活写真。

无印良品圆珠笔系列

　　这款是上班族会随身携带的圆珠笔，按压式的设计不用担心笔盖会不见，笔夹设计可用在证件牌的绳子上，不管是签名还是写文件都非常方便。

● **滑顺按压圆珠笔 0.7mm**

　　这个系列有红、蓝、黑三种颜色，这款墨水黏稠度比较低，书写感滑顺流利，另售替换笔芯。

● **透明笔管圆珠笔 0.7mm**

　　这个系列有黑、红两种颜色，这款笔笔管的地方有防滑的设计，在书写的时候笔不易滑动，另售替换笔芯。

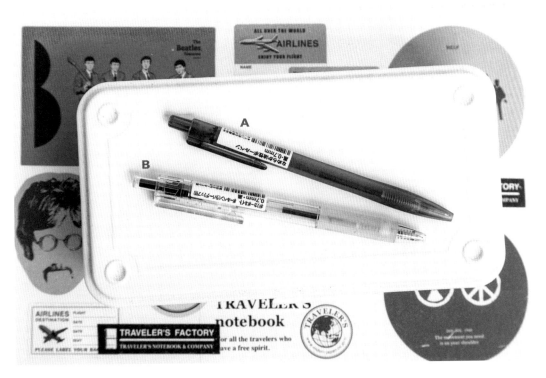

无印良品多色笔系列

　　学生时代铅笔盒里最不能缺的就是多色笔，写改考卷、订正错误只用这支笔就可以完成，非常方便。参加工作后，办公室中也必备一支。

　　小时候最喜欢去传统文具店淘宝，五元十元的笔有各种颜色，那种小而满足的感觉现在都还记得，是无法取代的珍贵回忆。

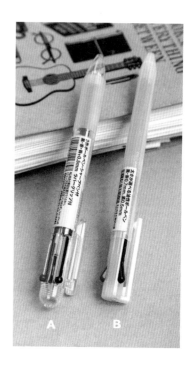

● 三色笔 + 自动铅笔 0.5mm

　　黑、蓝、红三色的圆珠笔加上自动铅笔装在同一支笔管内，可以夹在笔记本或是资料夹上面，方便携带。

● 两色笔

　　这支两色笔是主管从日本无印良品带回来送我的礼物。它很特别，有两支黑色笔芯，分别为 0.5mm 以及 0.7mm，再加上一支红色笔芯0.7mm。其中，黑色0.5mm的油性笔芯非常少见。

无印良品原木铅笔

　　铅笔的硬度不同浓度表现不同，我喜欢使用 2B 的铅笔画画，HB 的铅笔写字。画水彩前会先用铅笔打草稿，再用水彩上色，比起自动铅笔我更喜欢用原木铅笔，2B 比 HB 的笔芯软，用来画画比较顺手，线条也比较自然。

　　每次看到铅笔被用到很短就觉得很有成就感，这大概也是最有成就感的文具被使用后的样子。

　　无印良品的原木笔杆 2B 铅笔，一包六支。可以用 ▶ 素色纸胶带装饰它们，让简单的文具也可以成为有专属风格的文具。

STAEDTLER 三角舒写中性笔

去咖啡厅的配备总是令人苦恼，因为一不小心我就会无法取舍越拿越多，这时候其实就很需要一组帮你配置好颜色的彩色笔，消除无法取舍的困扰。

STAEDTLER 这款中性笔一盒有十种颜色，盒装的设计放进包包很方便，现在我出门去咖啡厅画画都会带它。它还有一个特别的设计是可以离盖 48 小时以上，有时候画画会同时打开很多支笔，这种设计就不用担心会没水了。

文具的价格总是平易近人，让人不知不觉越买越多，文具也可以让自己建构对美好生活的想象，用认真的态度将生活写下。

在笔记本的第一页画上色表和使用说明，然后就可以开始在插画本上画画了，对我来说，画色表除了记录颜色以外也算是画画前的一种热身。

Good time

用彩色笔建构自己的日常

彩色笔开启我画画的第一步

　　我养成每天写日记的习惯已经很多年，有时也会出现不想写字的状态，这时我会用插图取代文字，用画记录下今天的日常。拿出桌上的彩色笔开始画，比如今天喝了一杯好喝的咖啡，去文具店买到一组梦寐以求的彩色笔，看一部期待已久的电影，或是看着镜子画下今天的自己。

　　享受生活，专注当下的情绪，会发现有太多值得自己用心的地方了。我喜欢下班后带着笔记本和彩色笔将眼前的场景画下来，超市里进口食物的包装，商店的招牌，店内好看的陈列等总是很吸引人，这些都可以记录在画里。这种方式可以让自己更认真地去观察生活，同时培养自己画画的能力。

　　每次去文具店我总是充满期待的心情，店门口的小黑板写着新进货文具的名称，觉得逛起来处处是宝藏，把每个物品都拿起来仔细端详，小小的店面可以让人待上许久。

　　有些店家会在每款文具旁边放上一张手写小卡，备注上它的年代及故事，虽然不算是精致的名牌，但可以透露出另一种生活的美好。

占据书桌最多空间的彩色笔。

Hang on to your dreams.

我的彩色笔研究室

彩色笔开启我画画的第一步，好入门，又方便携带，所以平常出门画画都会带它们。即便没有受过专业训练或者不是科班出身也没有关系，只要想画，随时可以拿起画笔涂鸦，每完成一幅画都像完成充满心意的礼物一样，画画的过程就是对生活的累积，也是最棒的放松心情的方式之一。

无印良品六角双头水性笔

无印良品的六角水性笔是我读书时最喜欢的，总是去买很多颜色放进铅笔盒里，用来划课本的重点记号。开始画画也是用它来练习，然后会去美术商店或是纸品专卖店挑选合适的画纸，如果不熟悉纸质特性或不知画出来的效果如何，建议可以先买 A4 尺寸，回家再裁成 A6 明信片的尺寸，除了方便携带外，用小尺寸练习也不会有挫败感。

双头笔非常方便使用，细头可以画比较细致的图案，用来写字也很适合，插图上的英文字体也可用双头笔表现，最后再用粗头那端将大面积色块涂满。

最贴心的是六角笔管的设计不易滚落桌面，双头不同宽窄的设计可以更快辨识粗细笔头。

A 历年来收集的四款的六角双头水性笔。每款细微的改变让我每次都想收集，生怕之后改版就买不到了，因为这些文具就好像代表了那个时候的自己，我想用文具记录下每个时期的自己。

B 看到缺货已久的六角水性笔推出新款式，立刻将十个颜色都放进购物篮内，每种颜色都要集齐。

C 在笔记本里画上彩色笔的各种颜色。画色表也变成买彩色笔的乐趣之一，还会把试画的纸也贴到手帐里。

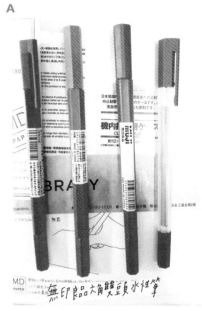

A

B

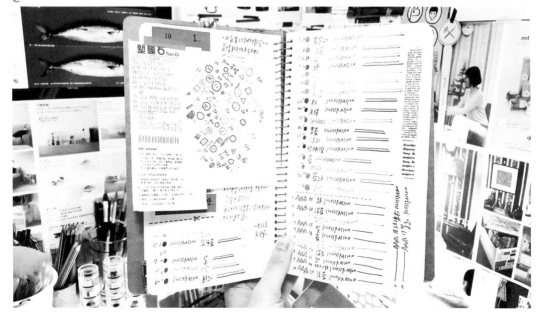

C

Color 2

Pentel 柔绘笔

逛文具店最大的乐趣就是发现新商品，试用后发出赞叹声，然后挑选要买的颜色。Pentel 这系列的柔绘笔是近期的新宠，这款笔笔头的设计类似毛笔尖，随着力道增减可以控制笔触的粗细度，省去准备不同粗细的针管笔，用这支笔就可以画出不同线条的笔触。

▲
Pentel 柔绘笔系列一共有十二种颜色。
搭配每期"女孩 project"的贴纸一起使用，又完成一篇手帐。

找到与自己关联的物件，
创造美好的生活态度 ✏

　　每月月初我都会去诚品看杂志，看到有专栏介绍好用的笔都想买来试试，不一定要限制使用哪个品牌或是颜色，放宽限制条件，在这些过程里慢慢找到自己的喜好，经过时间的累积后就渐渐知道什么样的笔最适合自己。

　　我觉得买文具就像女生买衣服一样，有时候旁人的眼光可能会影响自己的决定，或是过分在意别人的意见，我觉得自己用的喜欢才是最重要的。

> 每个人都有自己的代表物件，
> 找到与自己生活关联的物件，
> 创造美好的生活态度，唯有真心
> 喜欢，才能更自在地做自己。

STABILO 纤维笔

欧洲销量第一的纤维笔，多达
20 种颜色，其最大特色就是经典
的六角型笔身和条纹设计。我买的
是 point 88 纤维笔，因为平时画的
插图都比较小，所以我喜欢这款签
字笔的粗细，可以用来画比较小的
图案。此款笔还有耐用的金属笔尖
设计，不易损坏，长时间未盖笔盖，
墨水也不易干掉。

about

德国经典·不败的天鹅

1855 年，Schwan STABLIO 起源于德国巴伐利亚州纽伦堡市一个名为
Grossbenger & Kurz 的小铅笔工厂。

1865 年，25 岁的雇员 Gustav Adam Schwanhäußer 收购了 Grossberger &
Kurz 铅笔工厂。由于沉重的债务，公司开始改良技术，推出了雄心勃勃的发展计划，使
得公司运转良好。这家小型家族企业使用天鹅作为品牌符号（der Schwan 德语意为"天
鹅"，也来自 Schwanhäußer 家族姓氏的一部分），沿用至今。在激烈的市场竞争中，
公司业务蓬勃发展，早在 1880 年就成为了巴伐利亚州顶级的铅笔制造商之一，产品远
销俄国（俄罗斯）、埃及、希腊等国家。

1906 年，在纽伦堡举行的巴伐利亚州博览会上，Gustav Adam Schwanhäußer 带
着世界上最大的铅笔（高度近 100 英尺，约 30.48 米）参展，抢了最大风头。

1927 年，Gustav Adam Schwanhäußer 的两个儿子为了扩大业务，设计了世界上
第一支眉笔，当时的主要用途是给外科医生手术时在皮肤上做标记。

1931 年，STABLIO 开发 SWANO 儿童用笔，接着又推出了新品"SWANO 水溶
彩铅"，是世界上最早的能画出水彩效果的彩色铅笔。

1971 年，STABLIO 生产了世界上第一支荧光笔，这是第一次荧光油墨可以"覆盖"
重要的文本信息，而不是在文本下面画下划线。其业绩十分突出，成为了欧洲同类产品
制造者中的翘楚。

时至今日，世界各地平均每秒就能销售 2 支 STABLIO 的产品，其影响范围扩展到
了全世界。

※ 内容摘自互联网。

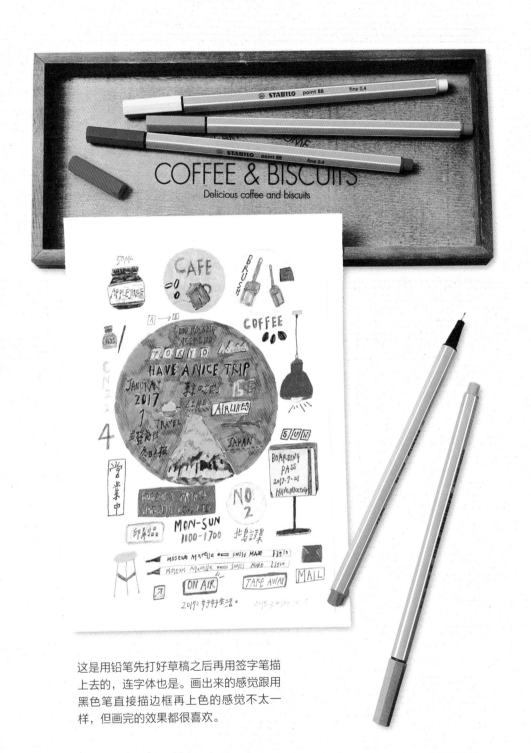

这是用铅笔先打好草稿之后再用签字笔描上去的，连字体也是。画出来的感觉跟用黑色笔直接描边框再上色的感觉不太一样，但画完的效果都很喜欢。

彩色铅笔

彩色铅笔也是非常方便入手的画画工具之一，很容易上手，市面上有很多种类的彩色铅笔，其中主要分为"油性"和"水溶性"两种。油性彩色铅笔画出来的颜色比较饱和；水溶性彩色铅笔可以搭配水彩笔使用，沾水后会变成水彩。不同品牌的彩色铅笔画出来的表现力也不一样，购买的时候可以试画看看喜不喜欢。

一般文具店卖的都是整盒包装的彩色铅笔，但有时候就只想买单支彩色铅笔，这时建议大家可以到美术商店挑选。

彩色铅笔跟彩色笔最大的差别是不同的使用方式，呈现出来的效果会不一样。手部力道轻时，画出来的效果比较柔淡，呈现较浅的颜色。手部力道重时，会呈现出饱和的色块，大家可以依照自己想呈现的画面控制笔触的力道。

看到很多插画家会使用美工刀削彩色铅笔，所以我特地上网查询，发现水溶性彩色铅笔的笔芯比较偏软一点，建议使用美工刀削会比较保护笔芯，也有大部分是因为用卷笔刀比较浪费笔芯，所以用美工刀削会比较节省。

如果笔削得不够尖，会画不出高彩度的颜色。另外，画图案的轮廓线条，也建议将彩色铅笔削尖，这样呈现出来的效果会比较好。

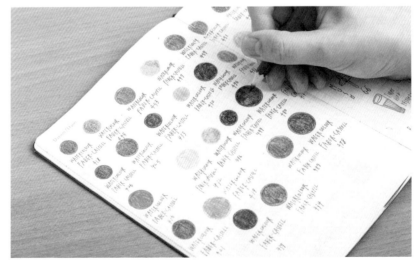

笔记本里画上彩色铅笔的所有颜色，好像专属自己的色表一样，打完草稿后要上色都会翻到这一页参考。

A 用彩色铅笔画出来的插画作品。平时在手帐里画插图，最常使用彩色铅笔，因为不怕颜料会透过纸，画出来的效果也很好看。

B 用彩色铅笔画画时旁边都会准备削铅笔机，喜欢把每支彩色铅笔削得尖尖的，也是因为画的插画都是由小物件组成，这样可以把小细节表现得更好。

水彩

　　以前上美术课我最不擅长的画材就是水彩，对于水分的控制和颜色的饱和度都掌握的不是很好，觉得画水彩需要很大的耐心。但有一次我逛美术商店，看到架上一条条的水彩颜料，非常心动，于是挑选了自己喜欢的颜色，回家开始练习水彩。

　　我挑选的是 Winsor & Newton 温莎牛顿条状水彩，透明水彩画出来的颜色清透，可以一层一层堆叠上去。建议水彩纸可以直接去美术商店挑选，实际摸摸纸张材质，我选用的是日本的水彩纸，画起来的感觉很喜欢。

　　我在无印良品看到亚克力分装盒，忽然想到可以用它来分装条状水彩，出门就不用携带整个调色盘了。分装后在盒子的外面贴上纸胶带把颜色名称写上去，这样就不怕搞混了，还可以随时补充颜料。

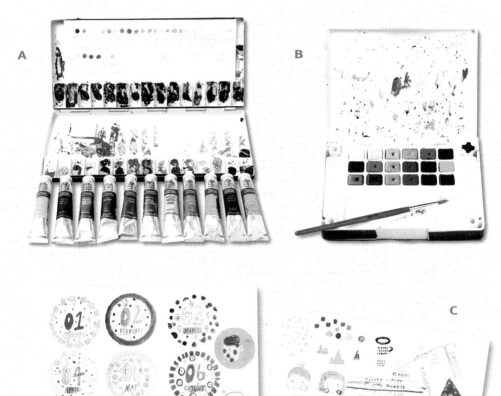

A 调色盘上面的透明水彩颜料可以不用清洗，下次使用只需要沾水就可以继续使用。

B 旅行的时候带一盒固体水彩，在一小张桌子上面就可以画画了。

C 用水彩画一系列的插画作品，再印制成明信片和贴纸。

买文具的第二乐趣
就是回家写开箱日记 🖊

　　开始想练习画画时，去美术商店看着一堆的专业绘画材料，却不知道该如何下手，建议大家可以去普通文具店挑选常用的画画工具。

　　我的彩色笔大部分是从文具店买来的，因为价格比较便宜，自己才舍得使用这些画具，而且儿童彩色笔也是可以画出很厉害的插画的。

每次逛文具店，选到最后就是通通放进购物篮里。

持续不断创作，将看见的事
物都画下来，成为自己生活
的一部分。

自己动手做贴纸、我的包装日、素材收集

有时候市面上买不到自己喜欢的卡片或是贴纸，这时候就可以自己动手制作，而且对方收到时也会感受到你满满的心意。

制作贴纸、卡片或笔记本的方式

每次画完一张插画，我就会将它扫描到电脑里，然后用数码冲洗的方式印制成明信片的尺寸，收录在笔记本里，也可以用小本的相簿收纳，制作成随身携带的作品集，可以随时翻阅给别人看，让对方进一步了解你。

在特殊的日子或想要联系久未联络的朋友时，就可以从收纳本里挑选适合的卡片，加上自己的心情文字，贴上邮票寄出去。或许是想看到对方收到时的开心表情，想让更多人从这些插画和文字中感受到快乐，才让我有一直画下去的动力。

另外，插画也可以印出来用到笔记本里，制作成一本本的插画笔记本。我喜欢画自填式的月记事笔记本，从封面到内页画上自己喜欢的插图并配色，再装订成一本专属于自己的笔记本。

每次，我只要完成一个 Project 系列，就会制作成独立刊物 Zine 的式样，发表自己的独立刊物。持续累积自己的作品，让作品集更丰富。

▶

每次有新的合作对象，都会将近期的插画作品印制成卡片和贴纸，包装成礼物送给对方，他们总是很喜欢。

A

B

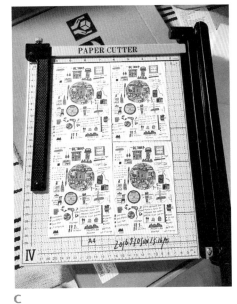

C

A 制作手帐素材包，里面有旅行收集到的素材、手帐的范例等等，让不知道该如何写手帐的朋友可以使用里面的素材来装饰自己的手帐。

B 手绘范例的月记事笔记本，封面是写满的范例内容和装饰，每次打开这本笔记本就会让自己也想把内页写的一样丰富。

C 插画作品印制成 A4 尺寸后用裁纸机裁成明信片尺寸。

每次买这些文具器材就觉得自己的文具房间越来越像工作室，会让自己更追求许多细节的呈现。

挑选印刷用的纸张

印制明信片可以选择磅数高一点的纸，一般我会选择特厚卡纸系列（200 克），这样印刷出来的效果更好，寄送过程比较不会折损。

印制笔记本内页纸我会选上质纸，上质纸适合书写，纸的材质也很顺滑。印制裁切后，我会用麻绳进行包装，最后贴上小纸条就完成了。

品项	纸材	克数
名信片	厚卡纸	约 200
笔记内页纸	上质纸	约 100

属于我自己的"纸标本"

平常去文具店除了看有没有新上市的文具外，我也很喜欢收集各式各样的纸，然后回家制作成"纸标本"。

另外，我也喜欢去 DM 区找有没有好看的印刷品，不同材质及颜色的纸张，印刷效果也都不一样。只要看到好看的 DM，我都会带回家，如展览的文宣品、海报、明信片等，这些都是一定会收集的素材。

回家进行分类整理

◆尺寸分类：一般明信片尺寸的印刷品，我会收纳在整理盒里。

◆颜色分类：有一次，我在广播听到日本惠文社书店的店员会用颜色来分类陈列图书，有别于我们的书店都是按图书类别分类陈列，广播中提到店员会依照颜色色系来分类陈列。我觉得这个很特别，就听广播同时把 DM 全部拿出来按颜色进行分类，这过程很有趣，可以试着打破生活里的常规框架去尝试不一样的呈现风格，或许会激发自己不同的灵感，大家也可以试试看。

◆品牌分类：每一期无印良品 DM 我都会收集起来，然后按照顺序将它们放进资料夹。诚品书店每一期的书店志"提案 on the desk"我都会收集。

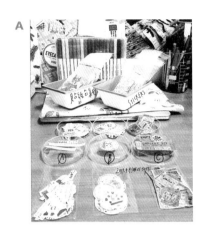

A

B

C

D

自己动手做插画贴纸

很想拥有属于自己的贴纸，所以开始搜寻如何制作贴纸。一开始因为没有电脑，我就去文具店买标签贴纸直接画在上面再一个个剪下来。

我可以在咖啡厅待一整个下午，很专心的画满一百张的小格贴纸，而且每一张都不一样。每次画完就会很有成就感，那是我草创时期的手绘插画系列贴纸。

现在我制作插画贴纸的方式跟制作明信片一样，先将插画完稿扫描到电脑里，然后进行设计排版，最后印制出来就完成了。下一个步骤就会开始播放喜欢的影集，边看边剪贴纸，这对我来说是一件很治愈心灵的事。

专属自己的贴纸组合包

将印制好的贴纸装进透明拉链袋里，里面有剪好的贴纸包和一把剪刀，有空闲时间就可以再拿出来剪。

A 买烧杯时还买了培养皿。烧杯当笔筒，培养皿用来装插画贴纸，透明容器可以清楚看到里面的款式，摆在书桌上也很美。

B 草创时期的插画贴纸都是一张一张亲笔画上去的。

C 插画贴纸。

D 剪贴纸也需要一鼓作气，每剪完一包就会放进木盒里，看着满满的贴纸包，内心满满的成就感。

1 DAY   5 DAYS   26TH AUG, 1968
2 DAYS   THE MOVEMENT YOU
                   NEED IS ON YOUR
                   SHOULDER   FIVE TABLE 5

WHAT do You do?

1ST BATCH NO.   SPRINKLE WITH
                 CINNAMON & USING SUGAR

LAUNDRY   ILLUSTRATION TODAY   ▲山   HOURS
                                 ▲袋

essential Waitrose gf ree eggs   COFFEE   ▲BIC▲
                                            fin Easy Glide   DAYS   %

                                            TOKYO

                TOGETHER
600432   6-6   AUTUMN MARKET
          glasses   依故事的局程。
                     生活的狀態   山   1使用5

INSTAGRAM   A   5 FIVE   24 HOURS OPEN

24.929   往   ‖ MADELEINE
22.839   台   BAGUETTE   HAVE A NICE DAY
         北   CROISSANT   365
         。   POUNDCAKE   2

                 ALL THE WORLD'S A STAGE   FLOATING ISLAND

Fujisan latte JP

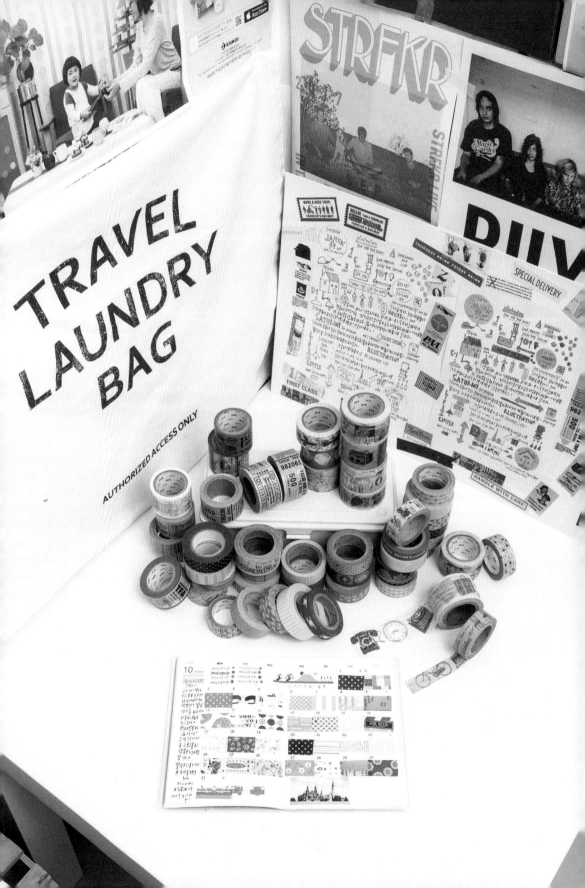

Keep smiling

我的纸胶带收集之旅

挑选过程都让我心情非常期待

　　我每次写手帐都想把内页装饰得很好看，将旅行途中收集来的纸胶带、贴纸、零食商标、DM或其他有趣素材贴在本子上。

　　纸胶带是写手帐的最佳帮手，它可以重复粘贴这一点最吸引我，让票券或是纸品在手帐排版里有更大的运用空间。另外也可以使用不同图案的纸胶带进行拼贴，让每一篇日记都有不同的主题，这很适合使用空白笔记本的人。

　　我很期待每晚写日记的时光，刚刚下班去买的新款纸胶带，已经迫不及待地使用了，能将兴趣落实到生活里是最幸福的事情，使自己充满动力去收集更多喜欢的事物。

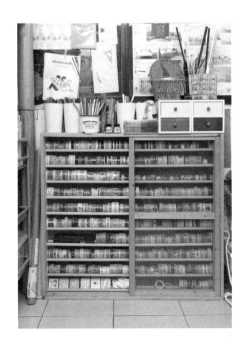

把收集的纸胶带放进特制木柜里，让它们成为房间里最美丽的风景，看着它们就更有动力打开笔记本记录生活。

Hang on to your dreams.

我的纸胶带朋友们

每次去文具店都会特别注意有没有新款纸胶带上市，店内的氛围总是让人觉得每一卷纸胶带都很好看，我常常不小心陷入该买哪几卷的困惑中。挑选并打开使用的过程都让我非常期待，这也是喜欢收集文具的原因之一，每一次的使用都可以带给自己不同的心情与感受。

Tape 1

素色纸胶带

我最先收集的就是素色纸胶带，颜色很好看，写手帐最常使用的也是素色纸胶带。电影票或购物明细等我都会使用素色胶带粘贴，然后搭配签字笔，在纸胶带上面写上文字当作标签使用。

我习惯依照当日手帐页面的色调去挑选适合的素色纸胶带搭配，一方面本子不会显得太杂乱，另一方面可以做色彩搭配练习。

每次去买纸胶带的时候一定会拿素色纸胶带。

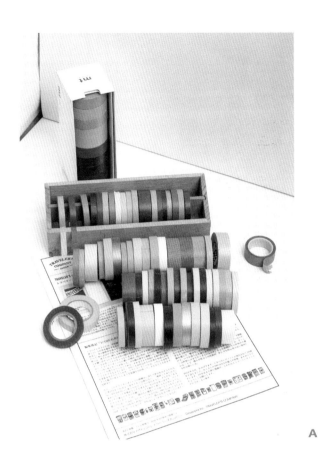

A 收集了不同品牌的素色纸胶带，其中最喜欢日本 mt 系列，也是入门首选。

B 用黑色油性签字笔在纸胶带上写字，作为重点标记使用。

A

B

点点 / 格子 / 条纹纸胶带

这系列的纸胶带很适合拼贴，当作背景或是随机组合拼贴都非常好看，还可以拿来标记页面。这类胶带除了颜色好看，上面的线条也很可爱，让人每一页都想翻阅。

偶尔，我也会用胶带包装礼物，素色包装纸搭配这类简单风格的纸胶带，让送礼多了一份小心意，同时也增添 DIY 的乐趣。

●制作一本纸胶带目录

这也是一种整理纸胶带的方式，可以更清楚地知道自己买过的纸胶带款式，下次要冲动买纸胶带前可以先翻阅纸胶带目录。

纸膠带目錄。

收集纸胶带成了我生活的乐趣之一。

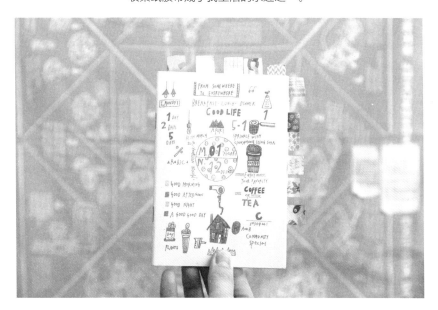

图案款纸胶带

　　纸胶带柜里最多的就是有图案的纸胶带，每次看到有好看的图案就会很想收藏，mt 系列的纸胶带图鉴、插画款、食谱款、票券款、报纸款的图案纸胶带我都很喜欢，这些胶带随意贴在手帐本上都很好看。

　　另外，像是插画款或是字母款纸胶带也可以贴在离型纸上再剪下来当作贴纸使用。图案款的纸胶带最棒的地方是一卷会有好多不同图案的固定循环，可以尽情使用。

※ 离型纸：就是贴纸或标签贴上的那种滑滑的背纸。

B

A 柜里装满了纸胶带，80% 都是图案款纸胶带。

B 打开笔记本目录，贴上每一款纸胶带。

A

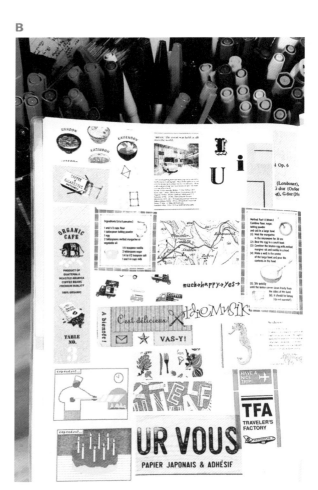

纸胶带收纳✐

　　因为纸胶带的数量逐渐增加，最后只能使用定制的木柜来收纳它们，依照纸胶带的图案色系等来分类收纳，这样更容易找到需要的纸胶带。

　　我出门旅行一定会携带纸胶带，带整卷会占据行李太多收纳空间，所以使用纸胶带分装片携带，这样就不会苦恼要舍弃哪卷了。

A

A 木柜里的纸胶带是我的文具生活最开始收集的文具之一，现在打开房间第一眼就会看到纸胶带收纳柜。如果好几天没有写手帐时，就会看看它们回想自己的初心，便会立刻打开笔记本写日记。

B 分装纸胶带的过程很治愈，可以边看影集边卷，每次卷完就很有成就感。

B

如何使用纸胶带装饰 ✎

●笔记本封面拼贴

我喜欢买空白封面的笔记本，因为可以用纸胶带拼贴成自己喜欢的样式，独一无二。每次快写完一本日记时，就开始满心期待制作下一本。

Traveler's Notebook 旅行者笔记本系列，每次在写日记的时候就想有一天一定要带着它们去旅行，完成真正的旅行者笔记。

●月记事笔记本制作纸胶带目录

这款无印良品 A6 尺寸月记事笔记本，写不下太多文字，贴纸胶带刚刚好，就用它制作了纸胶带目录，在每一格贴上一款纸胶带，方便携带，如果临时需要，还可以撕下来使用，这也是一种分装纸胶带的方式，所以用它制作了纸胶带目录。

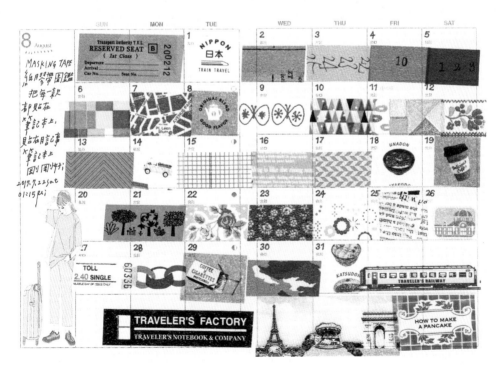

● 纸胶带拼贴搭配插画

　　将画好的插图搭配纸胶带拼贴装饰，制成卡片，呈现出另一种情感传递的方法，生活里的小手工可以带给人温暖也能让自己心情愉悦。

　　用一本笔记本收录这些作品，不论哪一种方式都要将生活记录下来。

为自己喜欢的事情努力
是最棒的，不论是画画
还是写日记，都要持续
进行下去。

● 纸胶带内页拼贴

　　我喜欢使用空白或是方格内页的笔记本，可以根据自己喜欢的风格去拼贴，每一天都很期待写日记，因为不知道下一页会是什么样子。

　　自己制作的自填式月记事笔记本，画上插图后再使用纸胶带装饰页面。

▼把喜欢的照片洗出来，用纸胶带搭配女孩系列的插画素材，制作一本独一无二的相册。

素描本的第一页喜欢用彩色笔画
上色卡，再用一些纸胶带让画面
更丰富。

Artqpie Library

本 冊

READING & EXHIBITION

BOOK SITE

OPEN 2:00pm~9:00pm

🕐 不定休

WE LOVE TO SHARE BOOK FOR THE CITY THAT LOVES TO READ IT

https://www.facebook.com/ArtQPi
https://www.facebook.com/letuszi

展覽。閱讀。紙本。選物

向上路

民生路

中美街

ajnasaka@gmail.com

No

NOT JUST LIBRARY

松山文創園區製菸工廠北側2樓　週一及國定假日休館　營業時間10:00-18:00

TUE-SUN 10am-6pm, closed on Mondays & national holidays.　(886) 02 2745

POINT 1

切りっぱなしの板紙に金具を
付けただけのシンプルなつくりにして、
工程のムダを省きました。

再生紙

バインダー
BINDER

B5・26穴・ダークグレー

MUJI 無印良品

表紙:古紙90%以上
金具:スチール
リベット:スチール
COVER:90% OR MORE RECYCLED PAPER USED
METAL PART:STEEL
RIVET:STEEL
中国製
MADE IN CHINA
株式会社良品計画 www.muji.com
お客様室電話0120-14-6404

JP

税込 **380円**

4547315267279

POINT 2

POINT 3

ON THE CORNER

POINT 4

しの板紙に金具を
ンプルなつくりにして、
ダを省きました。

再生紙

ンダー
INDER

ｰ・ダークグレー

MUJI 無印良品

JP

'CLED PAPER USED

ji.com
6404

0円

4547315267262

带着文具去旅行

休假时，偶尔会给自己安排小旅行，不论是一天或两天一夜，对我来说都是生活里最棒的充电方式。

从拿出笔记本写下旅游计划到挑选文具一起去旅行，这些工作就是我旅行的开始。而且行程表里一定会写满想去的文具店和必买的战利品清单，期待每一次淘宝的机会。

从准备工作到开始旅行都会让自己的感受力变大，想把每个时刻都好好记录下来，累积成自己生活的一部分。

旅行中有哪些文具一定会放进包包？

对我来说，旅行最不可或缺的就是陪伴自己的文具了。

我喜欢使用EVA材质的拉链袋来分类收纳携带的文具。这类拉链袋可以分为3种尺寸：B6、A5、A4。

▶ B6：当笔袋使用。

可以用一个装铅笔，再用一个装画画的彩色笔，挑选喜欢的颜色随身携带。在旅行的途中可以随时拿出来使用，不论是在咖啡厅里或是公园的长椅上。

▶ A5：装随身携带的笔记本或插画本。

比如在等餐的过程或是用完餐的片刻，随时都可以拿出来记录或是直接画下眼前的画面。

▶ A4：可以收集沿途拿到的旅行地图、DM和海报。

所有好看的纸制品都可放进去，回家后再将它们一一分类放进旅行素材收纳本里。

用自己喜欢
的方式过自己
喜欢的生活。

A

B C

A 每次去民宿就会把带来的文具和笔记本通通拿出来放好，还有旅行中收集到的物件，给这个空间增添自己喜欢的元素，可以让自己更自在和放松。

B 随身文具包里的最佳组合有行事历、随身笔记本和常用的黑色笔，将它们收纳好放进包包，不论去旅行或是日常生活都很方便使用。

C 心里抱着逛遍全台湾无印良品门市的想法，所以每次旅行都会去逛无印良品。旅行的心情不同，感受也会不一样，把买到的文具在购物清单上一一打钩，晚上回到民宿打开购物袋，将战利品排开在床上是一件很令人愉快的事情。

A

A 旅行中最期待的一部分就是住进喜欢的民宿，让平日紧绷的身心好好放松下来。享用买回来的食物搭配一部喜欢的电影，睡前看一本书或是打开笔记本写下当天的事。

B 喜欢在旅行途中安排咖啡店行程，拿出刚在书店里买的新书，打开笔记本，写下记录，很放松地度过一个下午，感觉也挺好的。

B

每一次的旅行都是在提醒自己好好感受生活，只要心态对了，不论在哪里都可以展开一场幸福的旅行，像是去一间期望已久的独立书店，或是在百货商场买到好吃的甜点，或是在回家途中买喜欢的宵夜窝在沙发上看电影。每个环节都是组成理想生活的方式，只要把对生活的感受力放大，就会发现最棒的旅行不在于去了多远的地方，而是懂得用适合自己的方式去过喜欢的生活。

最后再用擅长的方式将生活记录下来，完成一本旅行者手帐。

过好生活也是一种创作，最后把喜爱的东西浓缩在一间店。

旅行中买到喜欢的文具格外开心，在一间文具店看到可以单支购买，价格又便宜的彩色铅笔，会立刻在货架前挑选喜欢的颜色，然后到附近公园直接拿出笔记本画色表，觉得这是此次旅行最棒的收获。

在大自然中画画是自己一直想做的事情，旅行的时候反而可以将这些理想一一实现。

Good design

事务文具教我的事

文具是给生活带来快乐的小细节

　　生活里因为有了这些好用的文具，增强了我记录的动力。剪刀、橡皮擦、固体胶、文件夹、便利贴、印章、计算器等可以想到的文具，都是给生活带来快乐的小细节。

　　挑选的文具除了好用之外，另一点很重要的就是它的设计。有的设计是以美感为主，有的则是注重功能。我文具房间的组成元素就是这些小小的文具，虽然不是很贵重，但这些文具却时常陪伴我，给我满满的力量，成为我生活里最大的乐趣。

A 我的书桌上一定要摆满文具，比起收纳，我更喜欢将它们展示出来。早上起床看着自己布置的文具王国，就会觉得今天会是很棒的一天。

B 除了历年手帐本，平常我也会收集好看的印刷品，分好类之后使用透明拉链袋收纳，当有需要使用素材的时候就可以快速找到。

A

B

Believe in yourself.

生活的组成，用自己喜欢的文具物件

文具给平凡的日子带来了更多想象的空间，也让生活变得更有趣，找寻更多文具小物让自己的手帐内容更丰富，这些文具也成为我不可缺少的重要伙伴。

市面上的文具有许多品牌和款式，挑选适合自己的文具，写下对生活的期待以及为生活努力的过程，留住时间带来的温度，创造属于自己的文具日。

Stationery 1

计算器

无印良品的白色计算器，是放进购物清单里很久的一项单品，终于有一天我下定决心将它买回家。白色简约的外形，按键设计符合人体工学，背面的立架可立可折叠，方便使用。比起用手机上的小键盘，我更喜欢真实计算器的按键触感，出去旅行的时候也会携带小巧的无印良品计算器，方便计算当日花费。

Stationery 2

无针订书机

无针订书机很适合用在一些文件上，比如夹在笔记本里的旅行地图或是饭店资讯等，可以用它来固定，既方便又环保。

无印良品的无针订书机一次可以订五张复印纸，外形白色简约，摆在书桌上也很好看。

便利贴

　　我喜欢使用便利贴来标记插画作品，在上面记录绘图时间、绘画材料等。阅读的时候我也会用便利贴标注喜欢的页面，方便自己反复阅读这些页面。

　　印花乐出品的便利贴，图案很好看，除可用来作标记外还可用来装饰手帐。

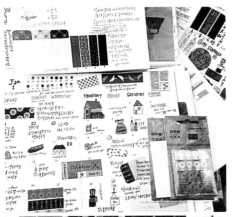

每画完一张插画，我就会贴一张便利贴，看到笔记本贴满五颜六色的便利贴就会很有成就感，会想一直记录下去，累积更多作品。

持續累積我的插畫作品。
每一張都是A5滿版。
再用標籤紙分類。
2019.6.29 SAT 22:20 Pi

亚克力相框

　　无印良品的亚克力相框除了放置相片，我还会将它使用在其他方面。比如在里面放拍立得相纸，或是手写课表，或是手绘的食谱，再辅以纸胶带装饰，我喜欢用自己擅长的方式将作品展示出来，带给观看的人与自己更多不一样的感受。

用相框展示自己的生活，摆在书桌上，可以
提醒自己莫忘初衷，用心生活。

相簿

除了写手帐记录生活，拍照也是一种很棒的记录方式。手机可以拍下眼前的画面，花一个下午整理照片，将它们冲洗出来，再用贴纸素材装饰成属于自己的相片日记本。

●无印良品 3×5 相簿

除了放置照片外，还可以放入旅行途中收集到的卡片，在相片旁写下日记。

●无印良品自贴式相簿

自贴式相簿的好处是不限制照片尺寸大小，也可以把整张日记放进相簿里，另外我还用咖啡滤纸当口袋，用来收纳名片。

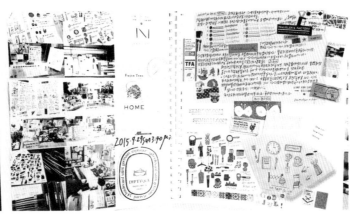

印章

除了贴纸、纸胶带之外，印章也是装饰手帐的好帮手之一。粘贴的票券旁边可以盖上旅行印章作为装饰。出门旅游的时候我会先在家把印章图案盖在牛皮纸上剪下来放进拉链袋里，写手帐的时候再配合固体胶使用。

我去逛文具店也会特别留意字母和数字印章，盖在信封上或是笔记本上都很好看，旅行印章是首选。

剪刀

写手帐和剪贴纸需要一把好用的剪刀，这把剪刀是我念大学的时候在圣诞市集上买到的，外形很好看，剪贴纸也不容易沾胶，用了那么多年依旧很好用。

这里的每一张贴纸都是用这把剪刀剪出来的喔！

档案夹

无印良品的 PP 资料档案夹，透明的封面可以用照片和插画组合拼贴装饰，将历年的作品整理收纳好之后，完成一本属于个人的作品集，期待自己可以完成更多本作品集。

橡皮擦

有一次，我逛文具店的时候，看到两个韩国女生购物篮里装满了整盒铅笔，手上还拿了整把的绿色纸卷橡皮擦，我想她们有可能是来自韩国的插画家，于是也跟着买了一个橡皮擦，回家后发现真的擦得很干净，它是三菱"Uni-ball SUPER ERASER"长纸卷橡皮擦。

simple life

文具小物收纳

简单生活，从收纳开始

　　收集文具之余，如何将文具好看地摆放在书桌上，对我来说也是重要的。我平常除了喜欢逛文具店，就是逛休闲生活风的百货店了。近年来各种生活风百货店盛行，每一间店都有着属于自己的独特风格，也表现出店主的生活态度，将货品摆在合适的层架上，以令人心动的方式陈列，让人每次拜访都有满满收获。

　　另外，承办展览的文创店也是首选，每一期的限定展览我总会准时报到，店内的氛围让人舍不得离开。展览中出现的手写说明文字总让人想多停留几秒，反复阅览，感觉格外亲切。店内架上的图书和杂志也很吸引人，最吸引我的就是独立刊物 Zine，它有别于市面上的图书，小小的，却很有力量，边翻阅边在脑海中开始构思一些新的想法。柜台旁边也总有各种好看的宣传物，每一款都想带回家收藏或是贴在房间里，满载而归，非常满足。

生活有时会让人感到平淡，但当你用心看待身边每一件小事的时候，生活就会闪闪发光。

Variety is the spice of life.

房间里的文具收纳小物

　　将自己收藏的文具和杂货结合在一起，创造出自己的幸福空间。对我来说，文具跟生活是无法分割的。我喜欢简单并且可以随意改变用途的收纳物品，它们让文具书桌成为最美丽的风景。每个人都可以成为生活的艺术家，放慢脚步留意身边的各种事物，总能带给自己更多想法，不用花很多钱打造华丽的空间，小物品也可以拼凑出属于自己的生活风格。

收纳推车

　　比起固定的家具，我更喜欢可以变化的活动家具，每次整理房间都带给自己不同的乐趣。IKEA 是我平时喜欢淘宝的地方，简单的设计，平易近人的价格，是每次买大型收纳器具的首选。

　　IKEA 的收纳推车，可方便移动到任何地方，推车上面也能依照自己的喜好分类，让每个物品都有属于自己的家，使用后也可马上归位，房间就不会乱了。

　　在使用这类型的收纳推车或是收纳柜子时，建议大家搭配收纳篮（盒）进行分类，在标签卡写好物品分类名称，再贴到篮（盒）上，方便拿取，也不容易乱。

　　只要是在杂志上或是网上看到有艺术家分享工作空间的图片，我就会停留很久，因为这样的空间里充满了艺术家们对生活的热情与梦想，总能感染到自己。

　　有时，我在书桌前坐太久，会转身到后面架上拿起一本书翻阅，这也是转换心情的一种方式。让空间尽量贴近自己喜欢的样子，会让生活更有期待感，在这个空间里不论做什么，都是享受生活。

A 喜欢的图书：最上层最方便拿取，可以放最常翻阅的书籍或杂志。

B 文具和贴纸类：可以搭配收纳盒使用，需要用的时候可以整盒拿出来。

C 手作材料、工具和纸张：建议选择透明收纳盒，因为可以直接看到里面的物品。

D 木箱里面装着喜欢的特殊装帧的书籍和MOOK 杂志，比起书架我更喜欢用木箱来装书，因为可以在有限的空间里摆满自己喜欢的物品，而这些也就是组成生活的元素。

笔筒

写字可以留住时间的温度，画画则是另一种表达情绪的方式。把对生活的期待用颜色呈现出来，也是我每次去文具店看到新上市的彩色笔就会想买回家的原因，收集各种颜色的彩色笔是我近期最喜欢做的事。

有时去独立文具店看到好看的进口铅笔或是圆珠笔就会想买回家收藏。像是店员手里拿着的机械笔，细细诉说文具背后的故事，可以想象它是那个年代的风格，然后让人爱不释手，总有种想通通放进购物篮结账的冲动。

在不知不觉中我累积了不少的笔，需要很多好看的笔筒来收纳它们。观察文具店笔的陈列方式，发现店家会用好看的器物盛装，借用他们的陈列方式重新排列组合，变化出更多方式运用在自己的空间里。

其实我算是不爱丢东西的人，只要有好看的包装都会保留下来，吃完巧克力或是西式点心的盒子都留下来收纳很多小物和文具，喝完饮料的玻璃瓶或杯子拿来当了笔筒，再依照颜色或品牌来分类。

最近爱上实验室玻璃烧杯，B 图的烧杯是我在台北车站后面太原路上买到的，那附近总是可以买到一些令人意想不到的小物，巷弄里的店家是淘宝好去处，每次去逛都有不同的收获，感受属于那个年代的日常。

A

B

A 收集不同种类的杯子当作笔筒，摆在层架上面好像一间小小的文具购购店。

B 用烧杯当笔筒，里面装彩色笔，透明的烧杯摆起来更好看。

透明亚克力收纳盒

记得我还在无印良品上班时，第一次完成的陈列布置就是亚克力收纳盒的摆设，我大概就是从那个时候开始喜欢亚克力的。因为透明感的收纳完全可以展现文具本身的美，不只是收纳盒也是展示架的感觉，如果你跟我一样是文具展示控，那这一款可以买来用。

我买的是亚克力三层收纳盒，里面装彩色铅笔和插画纸，要画画的时候可以整个抽屉拿出来，画完再放回去，这样书桌就可以很快恢复原状了。随着收集的画笔日渐增加，觉得用亚克力抽屉收纳是个不错的方法，可以节省书桌上放笔筒的空间，毕竟现在的书桌已经摆不下更多笔筒了。

无印良品的亚克力是不易刮伤的材质，而且有多种款式一起搭配使用，可以依照要摆放的物品做挑选，也可以堆叠组合，如果需求量很大，趁打折日的时候购入会比较划算。

档案收纳盒

资料整理对我来说非常重要，怎么收便于拿取、查询和整理是我最在意的地方。所以如何收纳这些素材成了管理上重要的一环，推荐大家搭配档案盒与资料夹一起使用。

●无印良品立式档案盒

收集好看的纸类印刷品已经变成日常习惯，只要有好看的 DM 都会留下来，像是去买面包时的包装纸袋也会擦拭好收集起来，所以累积至今有非常可观的数量。我会使用资料袋将它们按颜色、纸张大小等内容分类，再收进档案夹，最后再放进档案盒里。

另外我也喜欢收集好看的印章图案，像是展览、景点或是咖啡厅都会放置好看的印章供人盖章留念，小心地将印章盖在纸上，回家之后我会把它们放置在一个资料袋里面，再用纸胶带做标签标示，这个资料袋里面就会有各种好看的印章图案，写手帐或者拼贴笔记本封面的时候就会是非常好用的材料。下次要找收集的资料就可以轻松来这里找，像是自己的档案库。

• Found MUJI BOX 系列

　　无印良品 Found MUJI 系列在台湾是限定门市才有的商品，每一期都有不同主题，发掘来自世界各地的物件，有些年代久远，但功能设计良好的物品被重新赋予生命，让人们可以继续使用下去。很喜欢 Found MUJI 的理念"found rather than made"，带来另一种发展的可能。从常见的生活用品寻找生活灵感，带入自己的日常。

　　Found MUJI 的主题我最喜欢的就是"BOX 系列"，尤其喜欢马口铁制的，马口铁方盒系列有不同尺寸，可以保存收集来的物件，如贴纸、明信片、拍立得、电影票、水彩工具等。因为盒身没有多余的印字，用标签简单注明内容，摆放也不会太杂乱，这种兼具美感的收纳总是让人心情特别好。

　　Found MUJI BOX2 出了摄影胶片保存盒，有圆形和方形的，就算没有用胶片拍照的习惯也没关系，可以根据自己的喜好使用，收纳相片、纸张等小物件。

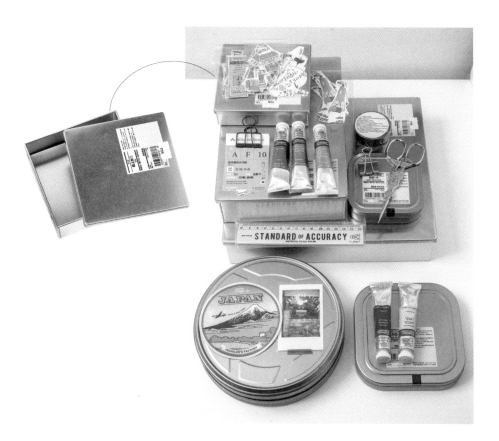

● HIGHTIDE Penco 收纳盒

这款收纳盒一共有四种大小，可依照物品大小进行收纳分类，每个盒子上面印有标签贴，可以写上里面所放物品的名称。而且不使用的时候，还可以收纳到最大的盒子里面，非常节省空间。

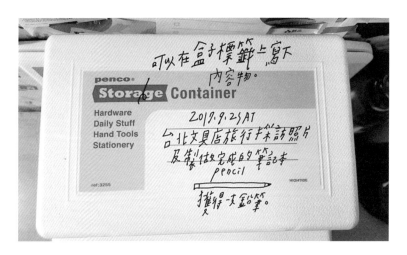

◀

你可以制作不同 Project 的收纳盒，像是旅行收集到的票据素材和笔记本可以全部放进这个收纳盒里，再将主题写在盒子外面的标签上。

笔袋

生活工作中的每一支笔都是自己精挑细选的，是自己喜欢的。我一直在找寻合适的工具收纳它们，比起印有图案的笔袋，透明的更适合我，方便每天检查自己的文具。

● 无印良品 TPU 拉链收纳袋

这是旅行时可以带上飞机的液体拉链收纳袋，用来装文具也很适合，防水透明是其主要特色。它有两种款式，一种用来装彩色笔，里面都是常使用的色系，我出门画画就会带它；另外一种用来装常用的黑笔、铅笔、橡皮擦，也会放常用的素色纸胶带等文具。

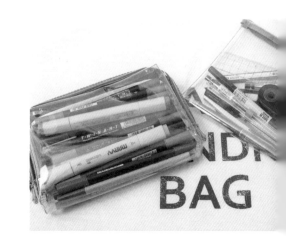

手绘贴纸收纳盒

收集贴纸这件事情从我小的时候就开始了。记忆中我会把贴纸整齐地贴在贴纸簿上，每天都会翻阅。刚开始写手帐的时候，买贴纸成为我生活里的一大乐趣。每次去文具店淘宝，看到好看的贴纸我就会买回家，累积了非常多的贴纸。手绘贴纸系列我会收纳在专门放置贴纸的盒子里，写手帐的时候就把整盒放旁边，边写日记边贴贴纸。

会画画以后，我尝试将自己的插画印制成贴纸，再将每个图案剪下来，剪贴纸变成生活里很治愈的一件事。想想以前是买别人画的贴纸，现在可以剪贴自己画的贴纸，每一张都代表自己的努力，所以剪再多张也不会累，希望自己可以一直画下去。

通常我会去文具店买有分隔的小收纳盒，或是买铁制糖果盒，铁盒可以收纳大张的贴纸，像是近期制作的"女孩 project"系列的贴纸，带那盒就可以出门写手帐了。

文具店卖的贴纸收纳本，可以收纳贴纸包系列的贴纸，如果有很多贴纸包的人可以参考买这种。

将物品用自己喜欢的方式展现 ✏

　　每次去逛文具店手里都不会有购物清单，就像生活冒险家一样，总会有意外的收获。经过时间的累积，创造属于自己的风格，喜欢的类型也逐渐明显，每一次的消化吸收过后，让人更靠近心中理想的生活样貌。我觉得把喜欢的物品组装起来变成生活里的一部分，是一件非常棒的事情。

　　对我来说收纳是将物品用自己喜欢的方式展现，而不是把它们全部收起来。

　　所以每次买文具的同时我也会思考回家该如何摆放它们，或是逛生活风百货店时喜欢挑选好看的收纳小物，最后将它们摆在我的文具房间里，创造一个自己可以待在里面一整天的空间。

　　而最令我感动的是每次打开房门室内外的反差感，一个属于自己的文具小宇宙，用自己的眼睛，去观察这个世界的美好。

▲

隔一段时间我就会把房间重新布置一遍，好像为自己的房间策划一场小型的展览一样，例如，我近期将画具整理出来摆在书桌旁，画画时更方便拿取，也让自己更经常使用这些画具，因为收进柜子后反而会降低使用率。另外，我还摆上新买的杂志可以让自己随时翻阅。每次整理房间也像是在整理自己的心情一样，思考如何打造一个可以放松舒服又好看的空间，努力维持自己理想中的生活模式与空间美学。

▲
使用文具写下每一天的日常，将生活全部记录下来。对我来说，笔记本是收纳心情的好帮手，每次写完日记，心情就像大扫除一样又重新整理一次，不论好与坏都可以转变成属于自己的力量，我想这就是手写带给人的温暖。日记对我来说就是时间划过的痕迹，舍不得忘记的，想保留下来的，都将收纳到每一本笔记本里，当再次翻开，还是可以感受到当时的心情，我想这是日记奇特的地方，一个属于自己的日常温度。

我的文具房间

我的房间里可以没有衣柜或者化妆台，但是一定要有书桌。一开始布置房间的时候先从书桌开始，一步步建立自己的个人风格，创造属于自己的生活美学，最后将整个房间布置成自己喜欢的样子。

我觉得第一步是知道自己喜欢什么，这样可以在布置空间或是选择上减少许多不必要的花费。市面上装修风格有很多种，哪一种才是适合自己的？能让自己在这个空间呈现舒服状态的才是最适合的。

一开始觉得空间的布置要花很多钱，后来发现其实并不会，因为比起重新装修，我更喜欢用自己现有的资源去动手改造空间。

我喜欢去带有展览功能的书店的 DM 区收集好看的海报及纸类印刷品，还有购买商品后的包装纸袋我也会保留下来。这些纸除了可以用于手帐拼贴外，还可以装饰房间墙面。使用不同款式的 DM 拼凑成自己喜欢的风格，这是我喜欢的房间装饰方式之一。

另外，我也喜欢去咖啡厅或独立书店感受店内的氛围，研究店家如何陈设家具以及店内装饰布置等，然后将喜欢的元素融入到自己的空间里。

我很喜欢书上看到的一句话："房子是租来的，但生活不是。"

我们常常会不小心将自己框在小圈圈里，其实，换个方式思考就会有更多不一样的收获。很多事情不是等到赚了多少钱才去做，生活的组成最重要的是"过程"。

每次这样想，我就会将自己喜欢的元素通通放进来，建立一个带给自己力量的生活空间。

▲ 一早起床看到阳光洒进房间里，立刻拿起手机拍下这个画面，每天最期待的
就是在这里尽情地写字画画。

　　我喜欢选用木色系的收纳工具，比如抽屉收纳盒、藤篮、木盒、
木盘等，或是亚克力材质的工具来收纳跟展示，有时使用一些小容器
收纳会胜过大型家具。

　　每个人的居住空间就像是自己开的商店，我每次逛街的时候都会
留意身边有趣的物件，可以让房间变得更好看，这也是我生活中最大
的乐趣。

　　自己每次看到这些收藏的物件就会增加对生活的热情。

▲ 我的文具房间兼插画工作室。

休假日也会在这里开始我的一天：

早上起床后，我会去买喜欢的早餐，回家搭配拍照，这样才是假日的开始。我很喜欢这样放慢步调享用早餐的感觉，因为平日的工作无法让自己慢下来，所以更要在放假的时候练习放慢速度。

用完早餐后我会拿出行事历笔记本，写下一天想要做的事情。早上的思绪比晚上好，因此，我喜欢在早上写下一天的行程。

看展览，逛文具店、书店，看电影，参观美术馆、博物馆、艺术图书馆等等，心中总是有很多清单。如果想走远一点，也可以来一场说走就走的小旅行。

我觉得生活里最快乐的是：当自己想做一件事情的时候，现在就可以去做。

每天都会拍一张记录生活过程的照片，写下当时的心情。每当自己感到不确定的时候，看着自己一直努力的过程，就会从中再获取力量。

我的手帳日常 DIARY

2019.6.12 MON 21:50PM

A B
C

A 每天晚上的手帐日常。

B 书桌的层架上摆着新买的水彩，每次看都觉得自己好像真的开了一间文具店。

C 用色块来分类彩色笔。

封面彩色笔分类貝颜色

2019.10.20 FRI 23:10PM

电影《解忧杂货店》
卖的不只是日常生活用品
还提供消除烦恼的解忧咨询服务

而我生活里的解忧杂货店
就是平时去逛的文具店
挑选笔记本
写下自己的烦恼
一段时间后
心中的忧虑总能一扫而空

Chapter 2

Stationery Shop

解忧文具店

—— 发现灵感藏在生活中 ——

＼Inspiration／

我的灵感来源

　　我平常的休息日行程是逛喜欢的文具杂货店，开始一场属于自己的旅行，沿途收集精彩的生活片段，不用花很多钱，也不用去人挤人，选择一种最舒服的生活方式才是最重要的。

　　去远一点的地方时我会先做好功课，在笔记本上写下想去的景点，途中发现喜欢的店总能让这段旅程有画龙点睛的效果，或许让旅行中保有一些惊喜，会有更多意想不到的收获。

　　对于喜欢的事物我总是迫不及待想分享，像是发现限量款的纸胶带，或是某间文具店的印章很可爱等。我想生活中能保持一期一会的心情来过好每一天，会更有乐趣。

　　有一天，发现某生活灵感店家在出售我使用的 Traveler's Notebook 笔记本，该品牌的精神就是"献给所有自由灵魂的旅行者"。对我来说，日常生活就是一场旅行，比如搭火车去新开的文具店，也是一次旅行呀。

　　拥有一颗自由的心，期待出现的惊喜能给自己更多灵感。旅行更像是一种状态，就算没有做什么特别的事情，都会觉得很充实，因为这些经历会带给自己不一样的体验。

TODAY IS A GOOD DAY

文具店大收集

Traveler's Notebook 可以依照自己的喜好去组装笔记本，我额外装上的拉链袋可以收纳满贴纸来拼贴旅行手帐，笔记本的皮革也会因为使用的频率产生痕迹，这是最吸引人的一部分。收集到喜欢的店家的名片也可以妥善收纳在笔记本里，让文具旅行收获满满。

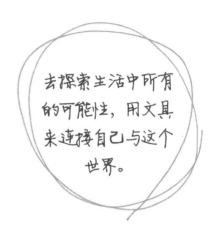

去探索生活中所有的可能性，用文具来连接自己与这个世界。

带着笔记本在城市里探索，将生活浓缩在笔记本里，
每一页都是日常。

Life is painting a picture, not doing a sum.

我不在家，在去文具店的路上

我最常逛的文具店就是无印良品和独立文具店。

无印良品

平日里下班后，我最喜欢逛的店就是无印良品了，每次进去总能将工作中的负能量一扫而空，然后待上好长时间。

每次逛无印良品常常没有特别期待要买什么，只是自己更多用心的体会，从中发掘到很多好用的文具。在逛的时候我就会开始思考这本笔记本可以用来记账，这本笔记本可以用来随身记笔记，这款自动笔可以用来打草稿等，也让我开始有了分类的习惯，所以每次逛完脑中都会有满满的想法，尽管当天没有买东西也收获满满。

●每间分店特色大不同

无印良品每间分店的店型都有差异，区域性或限定门市的差别让我每次去逛都有不同的感受，逛起来也令人感到自在。空间的宽敞舒适，货架的陈列方式总是让自己有很多灵感产生，店内陈设的细节也让人感受到店家的用心，像是店员小心翼翼地从购物篮拿取结账商品，细心地将商品用纸袋包装起来，这样的服务让人下次还想去消费，我想这也是我一直喜欢无印良品的原因之一吧。

去外地时也坚守着要逛完全台湾无印良品的使命，每一间都要拜访，或许在别人眼中这是到处都有的店，为什么出门旅行还要安排这里呢？但我认为每一间都有它独特的

提着纸袋满心期待地回家，好好端详战利品。花一点时间在喜欢的店，一定可以找到自己喜欢的文具。

地方，因为当下的心情感受不同或许能发现
自己从未发现的事物。

　　我的文具风格是从喜欢无印良品之后开
始转变的，以前会因为外包装去购买可爱
款、海外限定款、联名款等，家里有了各式
各样插画风格的文具，但这些文具经过审美
疲劳期后无法让自己坚持使用。相反地，简
单的设计更能融入自己的生活里。

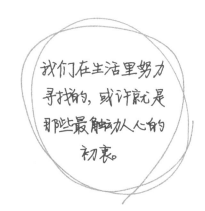

我们在生活里努力
寻找的，或许就是
那些最触动人心的
初衷。

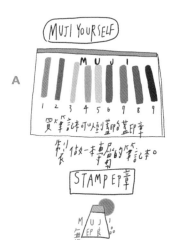

A 无印良品的盖印台：挑选好纸类文具商品结账
后，可以到盖印台制作属于自己的笔记本，盖完
印章回家后搭配彩色铅笔，画上小插图，让笔记
本的封面更丰富。比起原有印刷图案的笔记本，
这种按喜好自己制作封面的笔记本更令人心动，
这也是我回购该品牌手帐本频率高的原因之一。

B 我的文具大部分都是在无印良品买的，包括
笔、笔记本等。

● 好感生活 MUJI BOOKS 门店

每次到 MUJI BOOKS 的门店总能待上一下午，除了诚品又多了一个可以看书的地方。

书店空间营造的氛围总能让自己产生更多的想法，常听人问创作者的灵感从哪里来，大部分创作者的回答是从生活中来，因为喜好不同，生活习惯不同，才会创作出不同的具有个人风格的作品。留意生活中的小细节会带来更多不一样的想象力。

无印良品近年来除了 MUJI BOOKS 还有 Café & Meal MUJI，可以在购物后好好饱餐一顿，这是令人期待的行程之一。饭后习惯地拿出笔记本写下当天的心情，有时不一定要花很多时间才能完成想做的事，有效利用碎片时间也可以完成一篇日记，写下的文字好像可以将当时的心情留住一样，这就是写字的魔力，也是让我随身携带笔记本随时写的原因。

我们在忙碌的时代里
总是既想追求生活里的亮点，又时不时
提醒自己要过简单的生活，但我觉得
过好自己的简单生活才是最重要的事。
每次去无印良品都会带给自己
回归初心的感觉。

書架上的風景.

無印良品 MUJI
每一本都想買回家.

MUJI BOOKS 在限定门市才会有，在这里，我选择的主要是生活风格类图书。MUJI BOOKS 创造了一个生活用品与书的空间，在陈设黑板上还会写些良言佳句，这些我会收录在自己的笔记本里。

独立文具店

　　如今街角巷弄里有了越来越多的独立文具店，总有半路冒出惊喜的感觉。店主们有不同的喜好，每间店给人的感觉都不一样。除了销售生活百货、文具，也会有书籍或杂志，还多了令人爱不释手的独立刊物Zine。Zine 的主题有小旅行、咖啡职人、森林松鼠等，最吸引我的是上面的插画和手写文字，如果不知道选哪本才好，那就通通包起来。

　　我觉得独立文具店或是独立书店的魅力就在一期一会，因为你不知道下次来还买不买得到上次考虑很久却没有买的商品。所以每次去都会挑选市面上比较少见的独立出版物，或是国外的品牌文具。

　　逛独立文具店像是在淘宝一样，每隔一段时间去都会有新发现，总是抱着期待的心情看架上的文具杂货，不知道下一秒又会看到什么令自己心动的文具。

　　有些店家还会设置免费刊物区，我会挑选喜欢的排版风格带回家收藏，推荐大家到独立文具店或者书店收集好看的纸品印刷 DM，比如展览的宣传单也是很好的战利品。

　　初始时，都会选择比较好入手的文具。这几年研究生活杂货的选品，去逛百货店前我习惯先浏览它们的官方网站，每一样商品都有很详细的说明，每次点看产品介绍都会发出惊叹声，藏在商品设计里的小细节让人兴奋万分。

　　然后在笔记本里写下想购入的生活物品清单，比如打算买一个好看的碗、一个手工制作的杯子或是一根木制汤匙等等，把这份认真的态度带进自己的生活里，让看似一样的每天变得不一样，这是一种贴近生活的艺术。

　　我觉得每一间店的背后都有来自梦想的力量，或许没有连锁企业的气势，但却充满生活感，好像参观他们的家一样。

百货店里的生活杂货区。

01 have A nice 479 x カキモリ – Kakimori
"给想要愉悦书写的你"

民生社区富锦街上的"have A nice 479"购物店，店内有来自日本东京下町藏前的"カキモリ – Kakimori"，这是一家从东京来到台北的文具店，终于可以一探究竟了。

"カキモリ – Kakimori"是一间可以制作个人专属笔记本的文具店，店内的木柜摆满各式各样的纸张，就像是手作工作室一样，在这里可以感受到梦想与生活的结合。

在挑选喜欢的书皮封面、内页款式和笔记本装订线圈的颜色或纽扣时，可选择的有近百种表纸封面，五十种不同内页格式纸张和二十八种书封。看着黑板上手写的文字介绍，让人已经迫不及待地开始挑选，制作出一本属于自己风格的笔记本。

另外店内也卖钢笔和墨水，还可以提供顾客试用，我觉得这是非常贴心的举动，可以当场书写，挑选一支适合自己的钢笔，然后与制作好的笔记本一起搭配使用，再合适不过了。

最吸引我的一幕就是店员专注制作笔记本的样子，我决定要画下这个画面，画的时候就在想，不论做什么事情都要保持职人"一生悬命"的精神，我想将那情景用画保存下来。

店员跟我说："制作笔记本是很让人开心的事，有种制造新希望的感觉。"我想这个新希望来自她的努力、认真和充满力量的态度。

在喜欢的文具店里工作，帮客人制作独一无二的笔记本，那份努力的心情也是独一无二的。

A

B

C

D

A 好像进入纸的材料室，每一款纸都想收集起来制作成笔记本。

B 店内除了钢笔还可以选择其他不同种类的笔，每款笔都附上手写名称与介绍的小卡，还能提供试写。

C 选购店里的印章也是每次都要收集的项目之一，"カキモリ - Kakimori"限量纪念印章，一共有八款，是日本都没有的纪念章，拿出制作完毕的笔记本在第一面盖上这些印章。

D 获得"カキモリ - Kakimori"的休闲手绘地图一张，画出以"カキモリ - kakimori"为中心的前区域景点，这张地图的材质是笔记本内页使用的牛皮纸印制而成的，搭配全手绘的文字插图，店员很贴心地问我要不要手提袋，最让人满意的服务就是这些小细节，然后我提着袋子回家小心翼翼地将它贴在书桌的墙面上。

店门外摆放了可供挑选的文具、杂货和书籍，这样的陈设也让逛街多了一种乐趣。

这些看似很小的事物，却总能带给人满满的力量，生活的动力来自努力认真的生活态度。

have A nice 479

台北市松山区富锦街 479 号
https://www.facebook.com/haveanice479ji

②礼拜文房具 TOOLS to LIVEBY

"礼拜文房具"是我接触的第一间独立文具店，店内很安静，可以好好挑选自己喜欢的文具，让人感觉很放松也能享受挑选文具的过程。店内物品是我在一般文具店没有看到过的，以欧美和日本的文具为主，大部分都是历史悠久的品牌。

第一次去的时候觉得很不可思议，没有招牌，而且是在巷弄内的车库里，但一走进去却好像电影里面的欧洲文具店一样。店里的柜子、打字机和木制抽屉都非常吸引我，这就是时间保留下来的使用痕迹。

店内有一处陈列旅行者笔记本的柜台，让人不禁又挑选起来。我觉得独立文具店带给人的感觉很亲切，商品前都放有手写的标签卡，手写文字的温度是电脑字体无法取代的，也让我总是能读完它们。

在这里可以认识很多国外文具品牌，价格从几十元的橡皮擦到几千元的笔记本都有，除了引进国外好看的品牌文具外，"礼拜文房具"也有自己独立设计的文具，如纸胶带、剪刀、镂空长尾夹等，光看包装就让人无法抗拒，每一款都想要收集。

选择字样。

推荐两款
喜欢的文具

TOOLS to LIVEBY 镂空长尾夹

这款长尾夹我已经买过三次，一共有三
种规格，颜色分为银色、金色和黑色，
大小也可以依据使用需求进行挑选。我
会使用长尾夹来整理收据明细、电影
票、信用卡签单等，比起全部放进罐子
里，这样的整理方式更便于月底统计每
月的花费。

TOOLS to LIVEBY 圆把剪刀（黑）

这款剪刀是剪贴纸的好工具，使用日本不
锈钢制造，有两种颜色，金色跟雾黑色。
雾黑色剪刀外有一层铁氟龙涂层，让剪刀
不容易留下残胶。

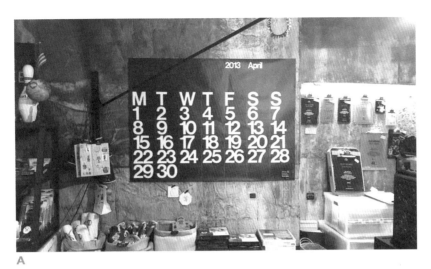

A

B

C

D

A 墙上超大尺寸的月历是一直放在购物清单却迟迟没下手的商品，如果在上面贴满便利贴那会是一件非常有成就感的事情，有一种将纸本日历放大成海报的感觉。

B 抱着朝圣的心情来参观，总是想拍下所有的画面，将这里的空间好好保存下来。

C 挑选了 Penco Clipboard 月历手写夹板，这款月历可以挂在墙上也可以当作手写板使用，非常实用。

D 每次去"礼拜文房具"都会看到的猫咪，这也成为再度拜访的理由，我想喜欢文具的心情就是这么简单美好。

礼拜文房具 TOOLS to LIVEBY

台北市大安区乐利路 72 巷 15 号

https://www.facebook.com/ToolsToLiveby

http://www.toolstoliveby.com.tw

03 Room A

　　"Room A"虽然不是文具店，却是可以收集灵感的地方。门口摆了小小的木制招牌，手绘的方式让人印象深刻。门上贴着印有"HAVE A SEAT & READ A BOOK"字样的海报。

　　"Room A"有别于一般咖啡馆，是以时间作为计费方式的图书馆。咖啡馆老板曾经营过二手书店，秉持着对书籍的浓厚情感，希望能给每个人提供一个工作、阅读、独处、做梦的空间。

　　这里的空间比我想象中还要大，有一整面的书柜，摆满各种杂志和书籍，也出售独立出版物 Zine、手作纸本书。店内的客人都安静地做自己的事情，看书、写字、画画、使用电脑等，这里还提供了便签条传递悄悄话，来到这里的人彼此都有着相同的默契，在这个空间里让自己好好静下心来整理思绪。

　　店里的小角落设置了文具区，提供各种文具，其中最吸引我的是那盒木制印章，收集印章也成为旅行中不可缺少的乐趣。跟大家分享一个小经验，如果怕印章盖失败的话，可以先盖在空白的纸或便利贴上，写手帐的时候再剪下来贴上去，这样既可以降低失败率，也可以更好地安排手帐内容。

HAVE A SEAT & READ A BOOK

A

B

D

A 手绘菜单贴在柜台旁边，上面写着几款可供选择的简单食物。

B 建构生活里的理想空间，让情绪可以放松下来，再搭配上喜欢的书和食物，这时脑中就会有许多灵感产生。

C 选了靠窗的位置坐下来，趁着点餐的空档，拿出旅行者笔记本继续研究下一个景点的行程。

D 从书柜里挑选喜欢的杂志，在专属的角落坐下，享受这个阅读空间。

C

Room A

台南市中西区康乐街 21 号 3 楼
https://www.facebook.com/on.RoomA

04 RETRO 印刷 JAM

我开始画画后，就对印刷产生了很大的兴趣，除了纸品印刷（如贴纸、明信片等），还希望可以了解布料印刷，将自己的插画印制在生活物品上，想想都是非常棒的事情。

"RETRO 印刷 JAM"是来自日本大阪的孔版印刷店，在台北火车站后面的巷弄里，"RETRO 印刷"意思是"复古印刷"，这里不仅出售绢印材料工具，也有绢印印刷的工作间，还有来自日本的各式纸类制品。

位于二楼的店面，一进门就会看到各式各样的纸制品，每一款都印有可爱的插图，店内提供可免费获得的纸质刊物，还有手写的绢印教程及工具介绍。这种文宣品既可以作产品介绍，也可以带回家像礼物一样收藏。

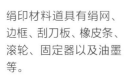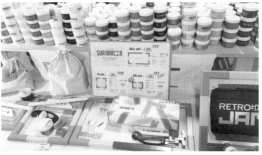

绢印材料道具有绢网、边框、刮刀板、橡皮条、滚轮、固定器以及油墨等。

RETRO 印刷 JAM

台北市大同区延平北路一段 69 巷 5 号
https://www.facebook.com/
retroinsatsujam.taiwan
http://www.jamtaiwan.com

沛芸的文具杂货店

一间住在爸爸杂货店里的文具店

每次我在网上分享房间的照片，大家都会留言表示喜欢我的文具房间，希望可以开放参观。

大学毕业那年我举办了一个小活动，亲手制作了一些手帐素材包，只要来爸爸杂货店买饼干饮料的朋友就可以免费获得一份。我一直希望可以用自己的力量帮爸爸把杂货店生意越做越好，这间小小的杂货店养大了我跟妹妹，小时候看着爸爸搬着一箱箱很重的饮料，就希望自己可以快点长大赚钱，爸爸就可以不用那么辛苦了。

有一天，我看着爸爸的杂货店，决定让这里成为我文具房间的小小延伸，一开始是想先办一个小展览，把我书桌的样貌呈现给大家看，摆上每一本写完的手帐以及插画原稿等作品，但在准备的过程中，就慢慢变成一个充满文具插画的角落，终于在 2015 年 12 月 19 日开始了"沛芸的文具杂货店"。

希望来这里的人都可以感受到书写的美好，用心记录生活，用自己最擅长的方式过喜欢的生活。或许长大后很多现实会让自己慢慢忘记单纯的快乐，但只要有一件可以全心投入的事情，那就放手去做，让自己学会忘记为结果担忧，去做让自己快乐的事，重复一百次都不会感到厌烦，最后让它变成自己最擅长的事。

回归初衷，一直想拥有一间属于自己的文具店，那就从这里开始。

A

B

A 为生活布置一场市集，把喜欢的物件一一排列整齐，就是生活的组成。有时候觉得这些好不真实，但看着来店里的人们就觉得自己离梦想更近了，谢谢每一个来过的人。

B 插画贴纸包都是自己剪下来的图案，再放进包装袋里。剪贴纸的时候需要很专心，因为怕把图案剪坏，看到装满的贴纸包就会觉得成就感满满。我剪贴纸的时候喜欢同时听广播节目，不过写日记的时候不会，怕分心。

● 一间住在爸爸杂货店里的文具店

　　25 岁生日那天我体验了人生第一次的采访，对我来说这是最棒的生日礼物了，不要因为害怕未知而去走一条安逸但其实不喜欢的路。这一路走来，我始终坚信只要坚持做喜欢的事，就可以到达正确的地方，一个既可以支持爸爸的杂货店，又可以承载我文具梦想的地方。

　　"沛芸的文具杂货店"开张的前一天，我心里忐忑不安，但同时多了一份期待，期待走出网络变成实体的文具世界。自己坚定决心要去做这件事，这样的情绪充满了力量。最后，谢谢那个愿意走出去的自己。

◀我画了黑白和彩色两款手绘地图，让来杂货店玩的朋友可以带回家贴在书桌前，下次来的时候就不会迷路了。

插画明信片和杂货店里的零食泡面摆在一起，毫无违和地共处在这个空间里。每次等爸爸打烊后我就会开始东挪西挪，调整陈列，然后帮它们跟泡面合照。

🔆 沛芸的文具杂货店
pei's zakka store

🏠 一间住在爸爸杂货店里面的
   文具店

地址 | 台北市信义区吴兴街
      284 巷 5 之 1 号 1 楼

营业时间 | Mon-Sun
          7:30-22:30 open
          365days 全年无休

图书在版编目(CIP)数据

我的无印风文具生活 / Pei著. -- 武汉：华中科技大学出版社，2019.9
ISBN 978-7-5680-5110-1

Ⅰ.①我… Ⅱ.①P… Ⅲ.①文具 - 设计 Ⅳ.①TS951

中国版本图书馆CIP数据核字(2019)第122693号

我的无印风文具生活   Pei（沛芸） 著
WODE WUYINFENG WENJU SHENGHUO

责任编辑：杨　靓   封面设计：杨小勤
责任校对：周怡露   责任监印：朱　玢

出版发行：华中科技大学出版社（中国·武汉）   电话：(027)81321913
　　　　　武汉市东湖新技术开发区华工科技园   邮编：430223

录　　排：武汉东橙品牌策划设计有限公司
印　　刷：武汉市金港彩印有限公司
开　　本：710mm x 1000mm 1/16
印　　张：8
字　　数：102千字
版　　次：2019年9月第1版第1次印刷
定　　价：49.80元